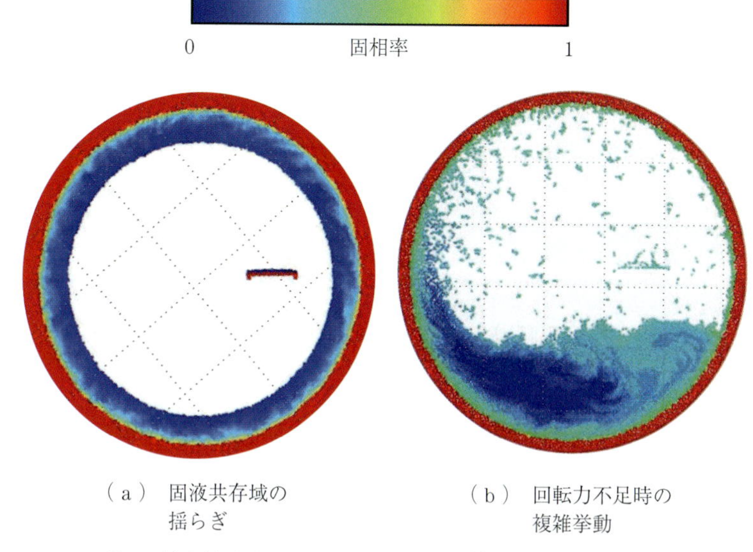

（a） 固液共存域の
揺らぎ

（b） 回転力不足時の
複雑挙動

口絵 1 遠心鋳造時の流動・凝固解析結果[21]（57 ページ，図 2.39）

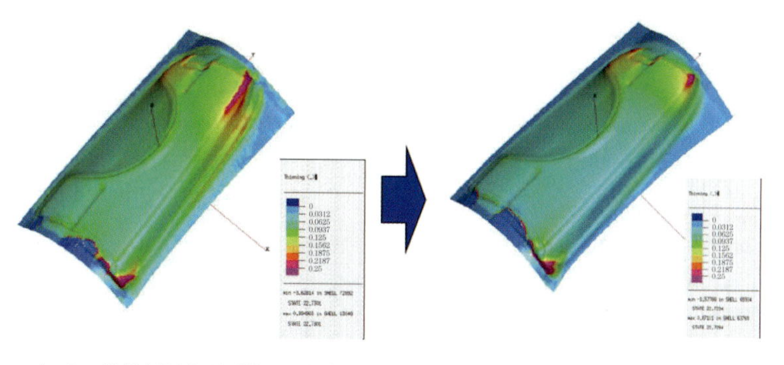

（a） 軟鋼板用金型形状での解析
（二段ビード）

（b） アルミ化のための金型形状解析
（一段ビードに変更）

口絵 2 軟鋼板用フロントフェンダー金型を用いた成形シミュレーション結果
（シミュレーションによるアルミニウム合金板用金型形状の検討）[18]
（96 ページ，図 3.40）

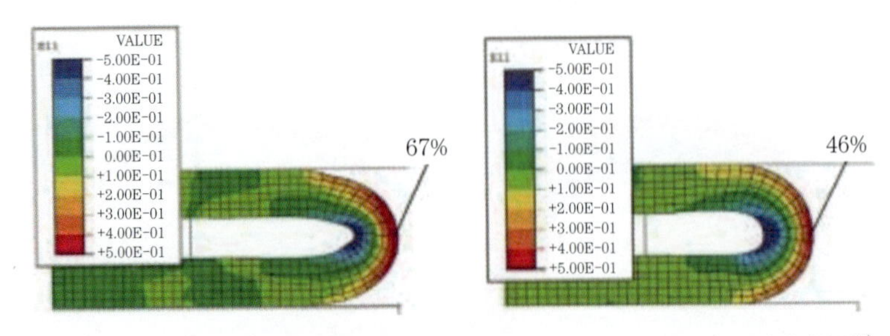

口絵 3　アルミニウム合金板のシミュレーションによるヘム曲げ加工改善事例[18)]
（最終工程（180° 曲げ）の部分）（97 ページ，図 3.41 下）

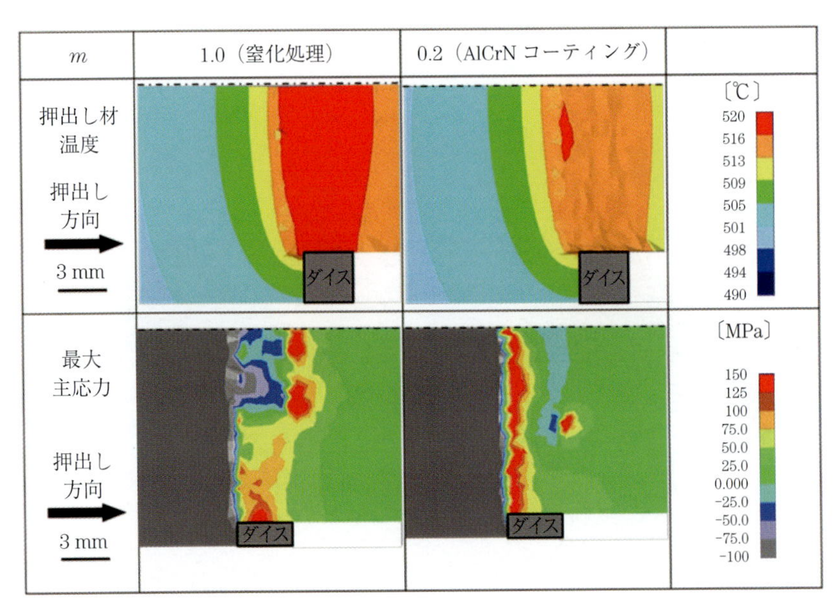

口絵 4　窒化処理および AlCrN コーティングしたダイスのベアリング部付近における温度分布と最大主応力分布（押出し材温度 500 ℃，ラム速度 0.5 mm/s）[19)]
（142 ページ，図 4.24）

アルミニウム合金の基礎と成形技術

日本塑性加工学会 編

コ ロ ナ 社

■「アルミニウム合金の基礎と成形技術」出版部会

部会長　松田健二（富山大学）

幹　事　船塚達也（富山大学）

委　員　淺井一仁（豊田工業高等専門学校）
（50音順）
笹田昌弘（同志社大学）
浜　孝之（京都大学）

執筆者　池田賢一（北海道大学）：1章
西　直美（ものつくり大学名誉教授）☆：2.1～2.3節
平田直哉（株式会社日立産業制御ソリューションズ）：2.4節
櫻井健夫（一般社団法人 軽金属学会）：3.1節～3.4.1項
桑原利彦（東京農工大学）☆：3.4.2項
吉田健吾（静岡大学）：3.4.3項
高辻則夫（富山大学名誉教授）☆：4章
船塚達也（富山大学）：4章
前田将克（日本大学）：5章
阿相英孝（工学院大学）☆：6章
菊地竜也（北海道大学）：6章
柳下　崇（東京都立大学）：6章

（執筆順，☆印は章のとりまとめ役，所属は編集当時）

まえがき

本書『アルミニウム合金の基礎と成形技術』は，コロナ禍の2021年7月に塑性加工学会出版事業委員会にて企画されました。このたび，ようやく発刊できる運びとなりましたことを関係者一同，本当に嬉しく思っております。

さて，1974年のオゾン層破壊の発見に端を発した地球温暖化問題。1980年代からそれに関する問題提起が始まり，1990年の京都議定書で「温室効果ガスを削減する数値目標と目標達成期」が合意されたことはもう遠い記憶になってしまったのではないでしょうか。温暖化対策，地球・環境保全等に関連して，各国の「ものづくり」に対する規制が日に日に厳しくなる中で，2015年に国連でSDGsなる目標が提唱されました。各国の政治や経済に関連する部分も多分に影響しているものと推測されますが，「ものづくり」に関わる技術者，研究者の立場から俯瞰すると，科学立国・技術立国としての我が国の担う部分が非常に大きいことは想像に易いと思われます。

特にCO_2排出量削減の急先鋒として，自動車等の陸上輸送車両の軽量化によるガソリン消費量の軽減，それに伴う排気ガス量の低減が目標として掲げられて世界的に大きく動き出し，加えてハイブリッド車，プラグインハイブリッド車，電気自動車等への転換期をも迎え，「軽量化」は欠かせないキーワードになったと思われます。そのような中で軽量な金属であり，比較的低温の熱処理と容易な加工で所望の強度が得られる「アルミニウム」，正確には「アルミニウム合金」は，軽量化を実現するのに欠かせない金属材料であると再認識されたのだと思われます。資源のない日本で，今後，自動車に限らず，どのようにアルミニウム製品を製造していくのか，社会と一体化したリサイクルの仕組みなども含め，2030年以降の持続可能な社会において求められている解であると思われます。

本書はまさにそのような解を得るためのバイブル的存在となることを目指して企画され,「1. アルミニウムの特性とその合金化」,「2. アルミニウムの鋳造加工」,「3. アルミニウムの圧延・板成形」,「4. アルミニウムの押出し加工」,「5. アルミニウムおよびその合金の接合」,「6. アルミニウムの表面処理」の六つの分野の第一線で,国内外でご活躍の研究者・技術者の皆様に執筆をご快諾いただきました。今までこの分野に携わられてこられました皆様はもちろん,学生の皆様や今からアルミニウムの製造に関与されます企業の新入社員の皆様への導入書籍としても,ご満足いただける書籍であると自負しております。日本がアルミニウムの分野で世界をリードしていくものづくり立国として邁進していくことを願いつつ,末永くご愛読いただければ幸いです。

最後に,今一度,本企画を立案いただいた一般社団法人日本塑性加工学会に御礼申し上げます。ご執筆いただきました著者の皆様方,出版をご担当いただいた株式会社コロナ社ならびに関係各位に,心より御礼を申し上げます。

本書籍の企画にご尽力され,発刊前にご逝去されました,著者の高辻則夫富山大学名誉教授に哀悼の意を表します。

2024年9月

松田　健二

目　　　次

1. アルミニウムの特性とその合金化

2. アルミニウムの鋳造加工

3. アルミニウムの圧延・板成形

4. アルミニウムの押出し加工

5. アルミニウムおよびその合金の接合

6. アルミニウムの表面処理

1.

アルミニウムの特性とその合金化

1.1 アルミニウムの特徴

アルミニウムは，鉄や銅に比べてきわめて新しい金属である。鉄や銅が紀元前5000～3000年に登場しているのに対し，金属アルミニウムの存在が確認されたのは1807年である。工業的にアルミニウムが製造され始めたのは1886年のことであることから，急速に人類の生活に欠かせない金属の一つに成長したといえる。その理由としては，以下に示す優れた種々の性質を有するからである。本節では，アルミニウムの中でも工業的にも使用される純アルミニウムの性質を中心に示す。

アルミニウムは，原子番号13，面心立方（FCC：face centered cubic）構造の結晶構造をもつ元素である。私たちの身のまわりに用いられているアルミニウムやアルミニウム合金の一般的な特徴としては，「軽い」「電気伝導性が良い」「熱伝導性が良い」「加工性が良い」「鋳造性が良い」「強い」「非磁性である」「耐食性が良い」「リサイクル性が良い」が挙げられ，実用材料として広く用いられている理由となっている。

表1.1に高純度アルミニウム（99.996 mass%）と普通純度アルミニウム（99.5 mass%）のおもな物理的性質[1)†]を示す。両者の密度の違いは，不純物として含有する鉄（Fe）の量に起因しているが，アルミニウムの密度は鉄や銅の約3分の1であり，さまざまな構造材料の軽量化に役立っている。導電率や

† 肩付き数字は，巻末の引用・参考文献の番号を示す。

表 1.1　高純度アルミニウム（99.996 mass%）と普通純度アルミニウム（99.5 mass%）のおもな物理的性質

性　質	高純度アルミニウム	普通純度アルミニウム
原子番号	13	
原子量	26.981 5	
結晶構造	面心立方構造	
格子定数（20℃）〔nm〕	0.404 96	0.404
密度（20℃）〔Mg/m^3〕	2.698 4	2.71
融点〔℃〕	660.1	～650
線膨張係数〔/℃〕 （20～100℃） （100～300℃）	 24.58×10^{-6} 25.45×10^{-6}	 23.5×10^{-6} 25.6×10^{-6}
縦弾性係数〔GPa〕	70.6	68.6
横弾性係数〔GPa〕	26.2	25.7
熱伝導度〔W/m·K〕	238	225（軟質）
導電率〔%IACS〕	64.94	59（軟質） 57（硬質）
比抵抗〔nΩ·m〕 （660℃） （20℃）	 240 26.548	 200 29.22（軟質） 30.25（硬質）

電気抵抗で示される電気伝導度は，不純物の量に影響を受けるため，普通純度アルミニウムの導電率が低い。これは，不純物の存在によって結晶格子がひずみ，伝導電子が散乱されることが原因である。一般に金属の熱伝導度は，電気伝導度にほぼ比例することから，導電率の値を用いて熱伝導率を求めることができる。アルミニウムの場合も，表 1.1 に示すように普通純度アルミニウムの熱伝導度のほうが低い値である。

本書では，アルミニウムとアルミニウム合金の成形技術を各章で詳細に説明するが，加工性の良いことがさまざまな加工法を適用できる理由である。アルミニウムは展伸性に富むので，板，箔，棒，管，線，形材などさまざまな形状の製品を種々の加工法によって製造できることから，広い用途で使用されている。また，強度は純アルミニウムに合金元素を添加することや加工熱処理工程によって，固溶強化や析出強化などの強化機構が適用できるため，さまざまな引張強さを有する素材を作製できる。したがって，用途に応じて適切な素材を選択可能である。

一方，化学的性質についても良好な特性を有している。アルミニウムは，大気中で自然に耐食性の良い酸化皮膜が形成されるため，自己防護に優れた耐食性を有している。また，6章で詳細に述べるが，アルミニウムは無色透明な酸化皮膜を表面に形成させるアルマイト処理により，金属光沢を維持したまま耐食性，耐摩耗性を改善させることができる。さらに，電解発色，自然発色，染色などの方法により，さまざまな色調を与えることができるため，電化製品や建築物の内外装なども多く使用されている。リサイクル性に関してアルミニウムは，スクラップの再生が他の金属に比べて容易であることから，資源の有効活用，廃棄物公害防止にも役立っている。

このようにアルミニウムは人類の生活に役立つ多くの特徴を有していることから，輸送機関のエネルギー消費改善および効率の向上，生活水準の向上による耐久消費の需要拡大，リサイクルによる省資源の促進などに，最も期待されている金属材料とされている。

1.2 アルミニウムの用途

アルミニウムやアルミニウム合金は，私たちの生活に欠かせない金属材料である。特に最近用途が増えている例としては，自動車用部品が挙げられる。自動車軽量化の背景としては，地球環境への配慮を目的としたCO_2排出量規制の強化，衝突安全基準の向上による安全性の確保のため自動車の電動化，衝突防止機能や自動運転化などの技術の進化に伴い，車両重量が増加する傾向になるため，車体をより軽量化することが求められていることによる[2)]。車体の外板・内板材だけでなく，エンジン，熱交換器およびサスペンション部品など，押出し成形，板成形やダイカストなど本書で取り扱うさまざまな成形技術により作製された部材としてアルミニウム合金が活用されている。さらに，新幹線やリニアモーターカーなどの高速鉄道車両，航空機，ロケット，高層タワーなど，軽量性，耐食性，高比強度，美麗などの点や新たな成形技術の発展もあり，広く利用されている。

上記のような大型構造物だけでなく，アタッシュケースや医薬品・食料品用パッケージ材，飲料用アルミニウム缶などにも広く用いられている。さらに，メモリディスク材などの機能材料としてもアルミニウム合金が用いられている。

アルミニウムとアルミニウム合金の用途が拡大していることは，日本のアルミニウム製品の総需要量の推移[2),3)]からも明らかである。1970 年には年間 121 万トンであった総需要量は，現在では年間 400 万トンを超える需要となっている。内訳としては圧延材やダイカストが半数以上を占めているが，これは自動車を主体とする輸送機器分野に加え，建設，容器包装用の需要が多いことによる。

このようにアルミニウム製品の需要がこれまで以上に高くなることが予想され，地金から製品にするための成形技術の重要性はさらに高まることになる。2 章以降では，アルミニウム製品を作製するための各成形技術を詳細に解説する。

1.3　アルミニウム合金

アルミニウムは，工業製品としても広く使用されているが，さまざまな用途および要求に応えるために合金化される。本節では，アルミニウム合金の主要元素の役割やアルミニウム合金の分類，調質（加工熱処理）について簡潔に紹介する。各成形技術などに関連する合金については，各章で詳細に説明されているため，該当箇所を参照されたい。

1.3.1　合金元素の役割

アルミニウムに添加されるおもな元素としては，銅（Cu），マグネシウム（Mg），ケイ素（Si），マンガン（Mn），亜鉛（Zn）が挙げられる。これらの元素がアルミニウムに単独もしくは複数添加されることで，機能を発現することになる。**表1.2**は，アルミニウム合金の特性発現のための添加元素をまとめたものである。強度を増加させるためには，固溶強化を用いる場合はMnやMgを，析出強化の場合はCu–Mg, Zn–Mg, Mg–Siなどが合金元素となる。一方，鋳造性を上げるためにはSiの添加が有効であり，さらに耐摩耗性の向上にも効果が高い。TiやBなどの微量添加は凝固組織の微細化に寄与して，材料強度などを改善する。

表1.2 アルミニウム合金の特性発現のための添加元素一覧

特　性	元　素
強度・固溶強化	Mn Mg Cu
強度・析出強化	Cu–Mg Mg–Si Zn–Mg Li–Cu–Mg
導電率＋強度	Mg–Si Zr
耐熱性	Cu–Ni Si–Cu–Ni
耐食性	Mn Mg Mg–Si
鋳造性	Si Ti–B Na Si Sb
耐摩耗性	Si
被削性	Mg Cu Pb Bi

1.3.2 アルミニウム合金の分類

実用材料として用いられるアルミニウム合金は，展伸用合金と鋳物・ダイカスト用合金に分類される。また，これらはさらに熱処理型合金と非熱処理型合金に分類される。熱処理型と非熱処理型の違いは，時効硬化性を有するか否かで分類されている。**図 1.1** は，JIS 規格をもとに分類した展伸用合金と鋳物・ダイカスト用合金の一覧である[4]。以下の項では，各合金の特徴などを示す。

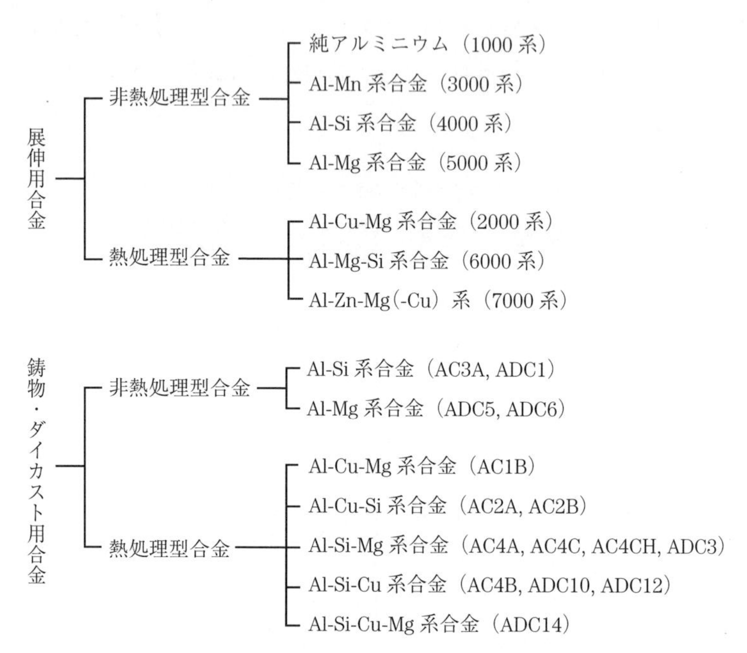

図 1.1　JIS 規格をもとに分類した展伸用合金と鋳物・ダイカスト用合金の一覧

〔**1**〕 **展伸用合金**　　**表 1.3** に代表的な展伸用合金の合金番号と標準化学組成を示す。展伸用合金では，Mg や Si が合金元素としておもに用いられていることがわかる。

1000 系アルミニウム[5),6)]は工業用純アルミニウムを示しており，99.00 mass% 以上の純アルミニウム系材料である。特徴として加工性，耐食性，溶接性などに優れているが，強度が低いため構造材料には適さない。そのため，家庭用品や日用品，電気器具に多く用いられている。純アルミニウムのおもな不純物は上述したように Fe や Si であるが，不純物が少なくなると耐食性が向上し，陽極酸化処理後の表面光沢が改善される。そのため，化学，食品，工業

表 1.3　代表的な展伸用合金の合金番号と標準化学組成

	合金番号	標準化学組成〔mass%〕							
		Si	Fe	Cu	Mn	Mg	Cr	Zn	Ti
工業用純アルミニウム	1080	＜0.15	＜0.15	＜0.03	＜0.02	＜0.02	—	＜0.03	＜0.03
	1050	＜0.25	＜0.40	＜0.05	＜0.05	＜0.05	—	＜0.05	＜0.03
	1100	Si＋Fe＜1.00		0.05〜0.20	＜0.05	—	—	＜0.05	—
Al-Cu-Mg 系合金	2014	0.50〜1.2	＜0.7	3.9〜5.0	0.40〜1.2	0.20〜0.8	＜0.10	＜0.25	＜0.15
	2017	0.20〜0.8	＜0.7	3.5〜4.5	0.40〜0.8	0.40〜0.8	＜0.10	＜0.25	＜0.15
	2024	＜0.50	＜0.50	3.8〜4.9	0.30〜0.9	1.2〜1.8	＜0.10	＜0.25	＜0.15
Al-Mn 系合金	3003	＜0.6	＜0.7	0.05〜0.20	1.0〜1.5	—	—	＜0.10	—
	3004	＜0.30	＜0.7	＜0.25	1.0〜1.5	0.8〜1.3	—	＜0.25	—
Al-Si 系合金	4032	11.0〜13.5	＜1.0	0.50〜1.3	—	0.8〜1.3	＜0.10	＜0.25	—
Al-Mg 系合金	5005	＜0.30	＜0.7	＜0.20	＜0.20	0.50〜1.1	＜0.10	＜0.25	—
	5052	＜0.52	＜0.40	＜0.10	＜0.10	2.2〜2.8	0.15〜0.35	＜0.10	—
	5083	＜0.40	＜0.40	＜0.10	0.40〜1.0	4.0〜4.9	0.05〜0.25	＜0.25	＜0.15
Al-Mg-Si 系合金	6N01	0.40〜0.9	＜0.35	＜0.35	＜0.50	0.40〜0.8	＜0.30	＜0.25	＜0.10
	6061	0.40〜0.8	＜0.7	0.15〜0.40	＜0.15	0.8〜1.2	0.04〜0.35	＜0.25	＜0.15
	6063	0.20〜0.6	＜0.35	＜0.10	＜0.10	0.45〜0.9	＜0.10	＜0.10	＜0.10
Al-Zn-Mg-Cu 系合金	7075	＜0.40	＜0.50	1.2〜2.0	＜0.30	2.1〜2.9	0.18〜0.28	5.1〜6.1	＜0.20
	7178	＜0.40	＜0.50	1.6〜2.4	＜0.30	2.4〜3.1	0.18〜0.28	6.3〜7.3	＜0.20
Al-Zn-Mg 系合金	7N01	＜0.30	＜0.35	＜0.20	0.20〜0.7	1.0〜2.0	＜0.30	4.0〜5.0	＜0.20

用タンク，反射板などに用いられている。また，Fe，Si の量がプレス成形性に影響を及ぼすことが知られていることから，その量が制御されることもある。

2000 系アルミニウム合金[7)〜9)]は，時効硬化現象が初めて見出された Al-Cu-Mg 系合金である。ジュラルミンや超ジュラルミンとして知られている 2017 や 2024 合金が代表的な合金で，鋼材に匹敵する強度を有している。しかし，比較的多くの Cu を含有していることから，耐食性に劣るため，腐食環境にさらされる場合は十分な防食処理が必要となる。航空機用材料には，純アルミニウムを合わせ圧延したクラッド材として使用されている。なお，溶融溶接性は他のアルミニウム合金と比べて劣ることから，リベット，ボルト接合，抵抗スポット溶接などが行われる。

3000 系アルミニウム合金[7),10),11)]は，純アルミニウムが有する加工性や耐食性を低下させずに強度を増加させた Al-Mn 系合金である。Mn は Al の再結晶温度を上昇させ，Al_6Mn 化合物相を生成させることにより強度を増加させる役割を担う。3003 や 3004 合金が代表的な合金で，3004 合金は 3003 合金に約 1 mass% の Mg を添加した合金であり，強度がより高くなる。アルミニウム缶ボディ，屋根板，ドアパネルなどの建材などに多く使用されている。

4000 系アルミニウム合金[7),12),13)]は，Si を添加することにより，耐摩耗性を改善させ，熱膨張率を低くした Al-Si 系合金である。展伸用合金では，鍛造用，溶接，ろう付けなどの接合用および建築外装用がある。具体的には，Cu, Ni, Mg などを微量添加して耐熱性を向上させた鍛造ピストン材や，溶接ワイヤ，ブレージングのろう材，および優れた陽極酸化皮膜特性を利用し自然発色を利用した建築外装材として用いられている。

5000 系アルミニウム合金[7),14),15)]は，Al-Mg 系合金であり，Mg 添加量が比較的少ないものは装飾用材や高級器物として，多いものは車両用内装材や建材などに用いられている。中程度の Mg 添加量を含有する合金として 5052 合金が代表的であり，Mg の固溶強化と加工硬化により中程度の強度をもつ材料である。用途としては，アルミニウム缶エンド，車両，建築などである。また，5083 合金は Mg 添加量が多い合金の中で最も優れた強度を有し，溶接性も良好であることから，溶接構造材として船舶，車両，化学プラントなどに用いられている。この系の合金は，冷間加工のままで常温に放置すると経年劣化で強度がやや低下し，伸びが増加するため，通常，安定化処理が行われる。

6000 系アルミニウム合金[7),16)〜18)]は，Al-Mg-Si 系合金であり，Mg と Si がそれぞれ 0.4 〜 1.0 mass% 含まれ，Mg_2Si 化合物相が形成される。中程度の強度をもち，耐食性も良好であることから，構造用材として広く用いられている。特に自動車用ボディシート材には，6016，6111 および 6022 合金が使われており，これは，塗装焼付け時に強度（耐力）を上げることができるベークハード性をもつ利点があるためである。また，6061, 6063 合金も代表的な合金であり，押出し性に優れることから建築用サッシなどに広く用いられている。

7000 系アルミニウム合金[7),18)〜20)]は，アルミニウム合金の中で最も高い強度を有する Al-Zn-Mg-Cu 系合金と溶接構造用合金として用いられる Al-Zn-Mg

系合金に大別される。前者は超々ジュラルミンと呼ばれる 7075 合金に代表され，航空機用材料やスポーツ用品などに使用されている。一方，後者は 7204（7N01）合金に代表され，溶接後の熱影響部も自然時効により母材に近い強さに回復することから，溶接構造用材料として鉄道車両，自動車バンパー補強材など強度を必要とする部材に用いられている。なお，応力腐食割れが生じやすいため，Cr や Zr を添加することで結晶粒微細化や過時効処理などが行われている。

その他の展伸用合金としては，アルミニウムにリチウム（Li）を添加した Al-Li 系，Al-Li-Mg 系，Al-Li-Cu 系および Al-Li-Cu-Mg 系合金[7),18),21),22)]がある。Li の添加により低密度かつヤング率が増大することから，低密度・高剛性材として航空機やロケットなどの大型構造用部材として一部適用が進んでいる。

〔**2**〕 **鋳物・ダイカスト用合金**　**表 1.4** に代表的な鋳物・ダイカスト用合金の JIS 記号と標準化学組成を示す。鋳物・ダイカスト用合金はこの表から Si，Cu，および Mg を中心とした添加元素の量を調整して用いられている。以降，代表的な鋳物・ダイカスト用合金について簡潔に示す。詳細については，

表 1.4　代表的な鋳物・ダイカスト用合金の JIS 記号と標準化学組成

	JIS 記号	合金系	標準化学組成〔mass%〕						
			Cu	Si	Mg	Zn	Fe	Mn	Ni
鋳造用合金	AC1B	Al-Cu	4.2 ～ 5.0	＜0.30	0.15 ～ 0.35	＜0.10	＜0.35	＜0.10	0.05
	AC2A	Al-Cu-Si	3.0 ～ 4.5	4.0 ～ 6.0	＜0.25	＜0.55	＜0.8	＜0.55	＜0.30
	AC2B		2.0 ～ 4.0	5.0 ～ 7.0	＜0.50	＜1.0	＜1.0	＜0.50	＜0.35
	AC3A	Al-Si	＜0.25	10.0 ～ 13.0	＜0.15	＜0.30	＜0.8	＜0.35	＜0.10
	AC4A	Al-Si-Mg	＜0.25	8.0 ～ 10.0	0.30 ～ 0.6	＜0.25	＜0.55	0.30 ～ 0.6	＜0.10
	AC4C		＜0.20	6.5 ～ 7.5	0.20 ～ 0.4	＜0.3	＜0.5	＜0.6	＜0.05
	AC4CH		＜0.10	6.5 ～ 7.5	0.25 ～ 0.45	＜0.10	＜0.20	＜0.10	＜0.05
	AC4B	Al-Si-Cu	2.0 ～ 4.0	7.0 ～ 10.0	＜0.50	＜1.0	＜1.0	＜0.50	＜0.35
ダイカスト用合金	ADC1	Al-Si	＜1.0	11.0 ～ 13.0	＜0.3	＜0.5	＜1.3	＜0.3	＜0.5
	ADC3	Al-Si-Mg	＜0.6	9.0 ～ 11.0	0.4 ～ 0.6	＜0.5	＜1.3	＜0.3	＜0.5
	ADC5	Al-Mg	＜0.2	＜0.3	4.0 ～ 8.5	＜0.1	＜1.8	＜0.3	＜0.1
	ADC6		＜0.1	＜1.0	2.5 ～ 4.0	＜0.4	＜0.8	0.4 ～ 0.6	＜0.1
	ADC10	Al-Si-Cu	2.0 ～ 4.0	7.5 ～ 9.5	＜0.3	＜1.0	＜1.3	＜0.5	＜0.5
	ADC12		1.5 ～ 3.5	9.6 ～ 12.0	＜0.3	＜1.0	＜1.3	＜0.5	＜0.5
	ADC14	Al-Si-Cu-Mg	4.0 ～ 5.0	16.0 ～ 18.0	0.45 ～ 0.65	＜1.5	＜1.3	＜0.5	＜0.3

2章に示す。

（**a**）**鋳物用合金**[23),24)]　代表的な鋳物用合金の特徴をJIS記号とともに以下に示す。

Al–Cu系合金（AC1B）は，Cuを含む合金であり，時効熱処理を施すと強度を高くすることができる。AC1B合金は，微量のMgを含んでいることから，固溶強化および時効硬化性が増大する。MgとSiが共存すると靭性が低下することが知られているため，不純物としてのSi量を制限している。この合金は靭性に優れ，良好な切削性を示す反面，Cuを含むため耐食性が劣ることや凝固範囲が広いため鋳造性に劣るという特徴がある。

Al–Cu–Si系合金（AC2A, AC2B）は，Al–Cu系よりもSiを多く添加してCu量を減らした組成となることから，鋳造性が改善された合金である。これらの合金は靭性や切削性に優れる。なお，AC2B合金は不純物の許容限が緩和されていることから，二次合金地金が使用できることになる。この系の合金は鋳造性には劣るが，自動車エンジン部品など機械的性質が重視される箇所に利用されている。

Al–Si系合金（AC3A）は，共晶組成である12 mass%Siを標準組成とする合金であり，シルミンとして知られている。凝固温度が低く，その温度範囲が狭いので，溶湯の流動性に優れ凝固収縮も少なく優れた鋳造性を示す。強度は高くないが，靭性は高く，伸びも大きい特徴を有しており，さらに熱膨張係数が小さく，耐食性に優れている。そのため，強度をあまり必要とせず，複雑な形状を呈する門扉やカーテンウォールのようなものに適した合金である。

Al–Si–Mg系合金（AC4A, AC4C, AC4CH）は，前述のAl–Si系合金からSi量を減らし，Mgを少量増加することにより固溶強化した合金である。優れた鋳造性を維持しながら機械的性質を改善した合金であり，時効硬化性があるため，熱処理を施すことでさらに高強度化が可能である。Mnを添加することで高温強度を確保したAC4AやAC4CHとともにMnを除いてSiとMgを減じたAC4Cがこの合金系に属しており，エンジン部品や車両部品などに使用されている。

Al-Si-Cu 系合金（AC4B）は，Al-Si 系合金から Si を少し減らす代わりに Cu が添加されることで母相の固溶体を強化した合金である。鋳造性に優れ強度も高いことや，熱処理を施すとさらに高強度化が達成するため，自動車用，電気機器用，産業機械用など多くの分野で利用されている。

その他にも Ni が添加された 4 元系や 5 元系鋳造用合金など，各用途に応じた合金が開発されている。

（**b**） **ダイカスト用合金**[25),26)] ダイカスト用合金は，鋳型の冷却能が大きいこと，狭い湯口・キャビティを通過・充填させるため，高い流動性が求められる。ダイカストでは射出注入の際に空気を巻き込みやすいという特徴があるが，脱ガス処理は通常施さないためブリスターが発生しやすく，ダイカスト後の熱処理は施さないのが一般的である。しかし，力学特性向上のために，近年は熱処理を施した場合の現象も評価されている。

代表的なダイカスト用合金の特徴を JIS 記号とともに以下に示す。

Al-Si 系合金（ADC1）は，鋳造用合金 AC3A と同じ共晶組成の合金であるが，不純物許容量は拡がっている。特に Fe については，1.3 mass% まで許容しているが，これは溶着防止のためであり，ダイカスト用合金では共通する特徴である。鋳造性は優れており，耐食性も良好である。高い強度を要求しない薄肉・複雑形状の鋳物に向いており，家電部品の外郭等に適用されることがある。

Al-Si-Mg 系合金（ADC3）は，鋳造用合金 AC4A と組成が近く ADC1 と比較して鋳造性がわずかに劣るが，耐食性は同等で Mg の添加により機械的性質に優れている。高真空ダイカストのような高品質ダイカストの普及により，自動車や二輪車の足まわり部品や車体部品など高靭性を要求される箇所に利用されるようになっている。

Al-Mg 系合金（ADC5, ADC6）は，耐食性を主目的とした固溶体合金であり，ADC5 は Mg が主成分となるが，ADC6 は Mg と Mn が合金成分となっている。鋳造性はあまり良くないため，ADC5 では Fe の許容量が 1.8 mass% と他のダイカスト用合金に比べて高く設定されている。耐食性を改善するために合金元素が添加されているが，鋳造性を良くするために不純物元素の許容量を拡げることになることから，同種の鋳造用合金よりは耐食性が劣っている。強度はADC1とADC3の中間であるが，固溶体合金であることから高い靭性を示す。鋳造性が悪いことから単純形状の鋳物に使用される。

Al-Si-Cu系合金（ADC10, ADC10Z, ADC12, ADC12Z）は，鋳造用合金のAC4Bに相当する合金であり，多量のSiで鋳造性を改善し，Cuを固溶させて強度を高めた合金である。ADC10とADC10Zの標準化学組成は，8.5 mass%Si－3.0 mass%Cuであり，ADC12とADC12Zは10.8 mass%Si－2.5 mass%Cuである。このことから，ADC12はADC10のSiを増加させ，Cuを減少させたもので，強度を犠牲にして鋳造性を改善することを意図した組成となっている。しかし，実際は両者に大きな違いは認められないことから，総合的に見ると鋳造性に優れた高強度合金として位置づけられている。特にエンジン部品を含む自動車用部品や電気機器部品に用いられる割合が高くなっている。末尾にZが付く合金は不純物としてのZnを3.0 mass%まで許容する他国の規格に合わせて新設された合金であるが，機械的性質に及ぼす影響は少ないことがわかっている。

Al-Si-Cu-Mg系合金（ADC14）は，エンジン・ブロックの軽量化を目指して開発された合金であり，Al-Si系過共晶合金にCuとMgを添加することで母相を強化した合金となる。凝固組織は固溶体母相に初晶Si，共晶Siおよび多元系化合物で構成されており，剛性，強度，耐摩耗性に優れており，熱膨張係数が小さいという特徴を有している。しかし，鋳造温度が他の合金よりも高いため，酸化の影響により流動性が損なわれたり，初晶Siの粗大晶出が機械的性質に影響を及ぼしたりするため，溶解・鋳造において注意が必要である。

〔**3**〕 **その他の合金**[27]　アルミニウム合金は，上記の展伸用合金や鋳物・ダイカスト用合金だけでなく，粉末冶金法により作製する焼結合金や，組織を微細化させることによって局部変形することなく数百%の伸びが得られる超塑性現象を利用した超塑性合金などがある。

焼結合金の例を示す。表面が酸化皮膜で覆われた微細粉末を圧縮成形し，500～600℃で焼結後，熱間で押出しや圧縮などの加工を施すと，各粉末粒子の酸化皮膜が壊れ，アルミニウム母相中にAl_2O_3が微細に分散した合金を作製することができる。酸化物が微細分散することで機械的性質を向上させることができることに加えて，耐食性や熱伝導性なども維持できる特徴を有している。また，アルミニウム粉末にAl_6MnやAl_3Niなどの粉末を分散させた分散強化合金なども開発されている。

超塑性合金の例を示す。超塑性現象（super plasticity）はZn–Al合金で見出され，多くの合金だけでなくセラミックスにおいても認められる現象である。アルミニウム合金では，共晶や共析合金を相変態温度より上の温度から急冷して微細な組織となったものを共晶，共析温度以下のやや高温で変形させたりすることによって発現する。粒界近傍でのすべりや粒界移動が著しい塑性を可能にしている。実際にAl–Mg系合金において，超塑性現象を用いたブロー成形により複雑形状の製品を接合することなく1枚の板から成形することが可能となっている。

1.3.3 アルミニウム合金の加工熱処理（調質）[28),29)]

アルミニウムやアルミニウム合金は，冷間加工，溶体化処理，時効硬化処理，焼きなましなどによって，強度や成形性などの性質を調整することが可能である。このような工程によって目的の材質を得ることを「調質」と呼ぶ。アルミニウム合金の性質は加工熱処理工程によって著しく変わるため，材料の使用目的に合わせて適したものを選ぶことが必要である。**表1.5**に各種調質記号と

表1.5 各種調質記号とその内容

調質記号	内　容
F	製造工程から得られたままのもの
O	焼きなまししたもの。展伸材では最も軟らかい状態にすることを目的とし，鋳物では伸びの増加や寸法安定化を目的とする
H	加工やその後の熱処理を加えて適切な強度としたもの
W	溶体化処理したものであり，不安定な状態となる
T	熱処理によってF, O, H以外の安定な状態にしたもの

表 1.6　H 記号の細分記号とその内容

細分記号	内　容
H1	加工硬化だけ施したもの
H2	加工硬化後，適度な軟化処理を施したもの
H3	加工硬化後，安定化処理を施したもの
H4	加工硬化後塗装したもの

表 1.7　T 記号の細分記号とその内容

細分記号	内　容
T1	高温加工から冷却後，自然時効させたもの
T2	高温加工から冷却後に冷間加工を施した後，自然時効させたもの
T3	溶体化処理後に冷間加工を施した後，自然時効させたもの
T4	溶体化処理後，自然時効させたもの
T5	高温加工から冷却後，人工時効処理したもの
T6	溶体化処理後，人工時効処理したもの
T7	溶体化処理後，安定化処理（過時効）したもの
T8	溶体化処理後に冷間加工を施した後，人工時効処理したもの
T9	溶体化処理後に人工時効処理を施した後，冷間加工したもの
T10	高温加工から冷却後に冷間加工を施した後，人工時効処理したもの

その内容を示す。特に H 記号と T 記号については**表 1.6** と**表 1.7** に細分記号を示す。**図 1.2** に展伸用合金のさまざまな製造工程と調質記号を対応させて示す。このように熱間加工や冷間加工と熱処理を組み合わせることによって，適切な特性を有するアルミニウム製品を産み出していることになる。以降の章では，各種成形技術や接合，表面処理などの詳細について説明する。

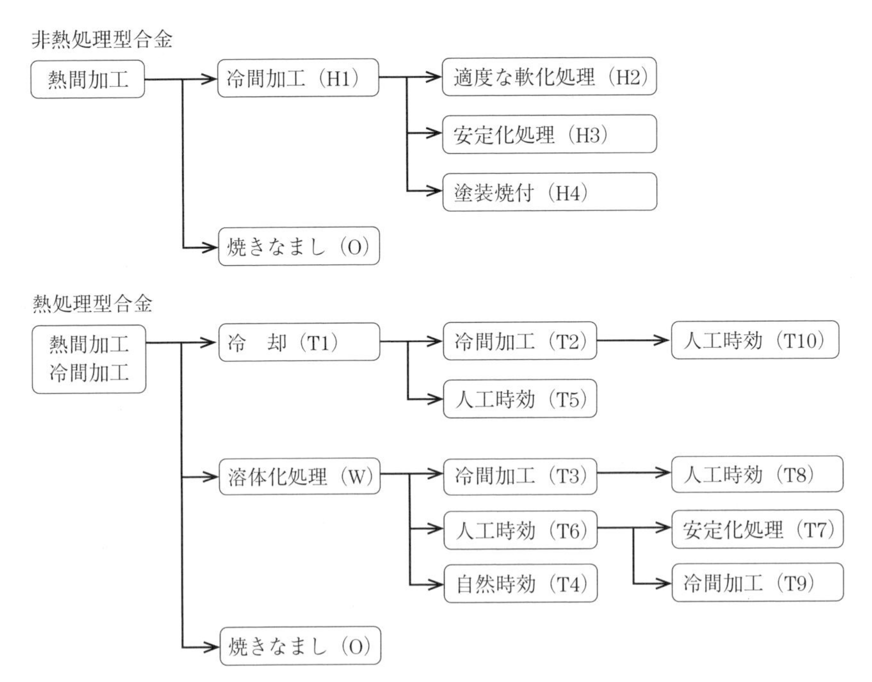

図 1.2　展伸用合金のさまざまな製造工程と調質記号の対応関係

2.

アルミニウムの鋳造加工

2.1 鋳造の基礎

2.1.1 鋳造法とは

金属を加工して製品を作る方法には，鍛造（forging），プレス（press），鋳造（casting），切削（cutting），溶接（welding）などさまざまな種類があるが，鋳造は鍛造に次いで古くから行われている加工法である。鋳造は，金属や合金を融点より高い温度で溶かして，砂や金属で作った型の空洞部に流し込み，冷やして固める加工方法である。できた製品を鋳物（castings）あるいは鋳造品という。

材料を高温で溶かすことを溶解（melting）といい，固体状態に固まることを凝固（solidification）という。溶けた金属のことを溶湯（molten metal）という。鋳造の現場では単に湯とかお湯と呼ぶことがある。

鋳造に使う型を鋳型（mold）という。砂を固めて作った鋳型を砂型（sand mold），金属を加工して作った鋳型を金型（metal mold, die）という。その他，石膏やセラミックスなどで作る場合もある。

図 2.1 に砂型鋳造法（sand casting）の例を示す。砂型鋳造法では，上下 2 組または数組の型枠（鋳枠（molding flask）という）を使い，鋳枠内に砂を詰めて（型込め（molding）という），これを組み合わせて鋳型を作る。

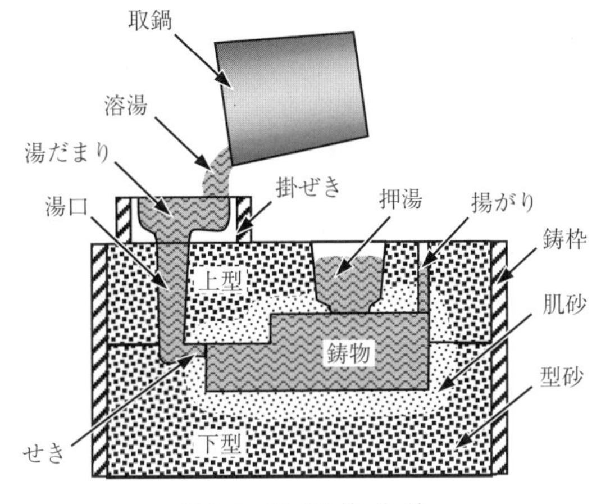

図 2.1 砂 型 鋳 造 法

2.1.2 鋳造法の特徴

鋳造は，金属加工の中でも優れた特徴をもっており，形状，大きさ，材料などの自由度が高く，冷蔵庫や洗濯機などの身のまわりの生活用品をはじめ，自動車，電車，航空機，工場で使う産業機械などのさまざまな部品が鋳造で作られる。

つぎに，鋳造法の特徴について説明する。

〔**1**〕 **さまざまな金属が鋳造できる**　　鋳造法の特徴の一つは，金属を溶かして鋳型に鋳込んで形を作ることから，溶かすことができればどんな金属でも鋳造できることである。金や銅は，融点が 1 000 ℃を少し超える程度（金の融点は 1 064 ℃，銅の融点は 1 084 ℃）なので，古くから**図 2.2** のような貨幣の鋳造などが行われていた。和同開珎は，708 年に作られた日本で最初に流通した鋳造貨幣で，銀銭と図（a）の銅銭（銅と錫，鉛の合金）がある[1)]。図（b）の寛永通宝は 1636 年から作られた貨幣で，材質はおもに青銅であるが，鉄，黄銅（真鍮）でも作られた。また，図（c）の天保小判は，1837 年から作られ，金が 57％に銀が 43％添加された合金である。ただし，小判の製造では，鋳造の工程は棹金と呼ばれる棒状の形のものを作るまでで，その後は槌で叩いて平らに延ばす鍛造で形を作っていた。

（a） 和同開珎　（b） 寛永通宝　（c） 天保小判

図 2.2　銅や金を溶かして作った貨幣

〔**2**〕 **自由な形を作ることができる**　　金属を溶かして加工するもう一つの特徴は，さまざまな形を作ることができることである。液体の原子あるいは分子どうしが結合する力は，固体に比べてはるかに弱く，また，粒子間の相互作用がほとんどない気体に比べるとある程度凝集するため，容器の中で自由に移動することができる。したがって，溶融した金属は鋳型の中の空間を隅々まで満たすことができる。その結果，さまざまな形を作ることができる。**図 2.3** に精密鋳造法（precision casting）で作られたアクセサリーを示す。このような複雑形状の製品もほとんど加工なしで作ることができる。

図 2.3　精密鋳造法によるイヤリング
（写真提供：StudioMIZU.com）

〔**3**〕 **大きさの制限がない**　　鋳造法は鋳型を用いて形を作ることから，鋳型さえ作ることができれば，さまざまな大きさの鋳物を作ることができる。例

えば，**図 2.4** に示す奈良の大仏（正式には東大寺盧舎那仏像）は，仏像の高さは約 14.7 m，重さは約 250 t で，青銅（銅と錫の合金）で作られている[2)]。現存する大仏は，地震や火災のために何度か補修されているが，今から 1 200 年以上前にこれだけ大きな鋳物が作られていたのは驚きである。

図 2.4 奈 良 の 大 仏
（写真提供：華厳宗大本山 東大寺）

2.1.3 鋳造の基本的な原理・原則

鋳造を行うには，基本的な原理・原則がある。これらを無視すると鋳物に欠陥が発生したり，生産性を損ねたりする。原理・原則を正しく理解しておくことが大切である。

〔1〕 **物質の三態と凝固収縮**　　物質の状態には，**図 2.5** に示すように温度や圧力の変化によって液体，固体，気体の三つの状態がある。これを物質の三態（three states of matter）という。

固体は，原子や分子が規則的な配列をしているが，温度が上昇して融点に達すると熱運動により配列が乱れて比較的自由な運動のできる液体状態になる。これを融解（melting）といい，逆に液体から固体に変わることを凝固（solidification）という。さらに温度が上昇すると，原子あるいは分子の熱運動が激しくなり相互の間隔が広がり，それぞれ自由な運動をする気体状態になる。これを蒸発（evaporation）といい，逆に気体から液体に変わることを凝縮（con-

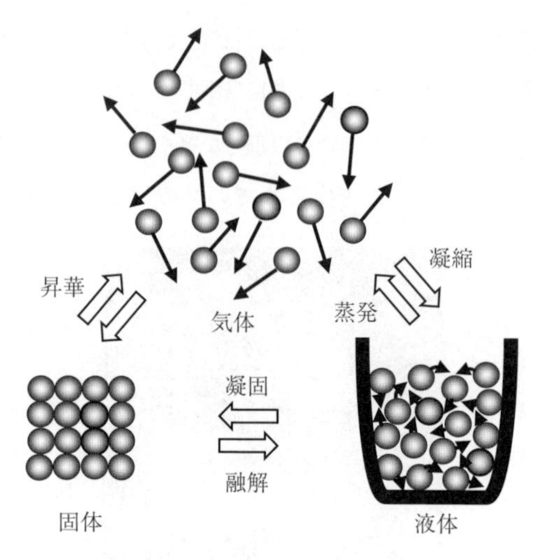

図 2.5　物 質 の 三 態

densation）という。物質によっては固体状態から直接に気体状態になる場合もあり，これを昇華（sublimation）という。

鋳造は，固体状態の金属を融点よりも高い温度に加熱・融解させて液体にしたあと，鋳型に作られた空洞部に流し込み，冷却・凝固させて目的の形を作る加工法で，融解と凝固の相変態を利用したものである。多くの物質は，液体から固体に相変態する際に，**図 2.6** に示すように原子が規則正しく配列するために体積が収縮する。これを凝固収縮（solidification shrinkage）という。しかし，水のような一部の物質は，液体から固体の相変態によって体積が膨張する

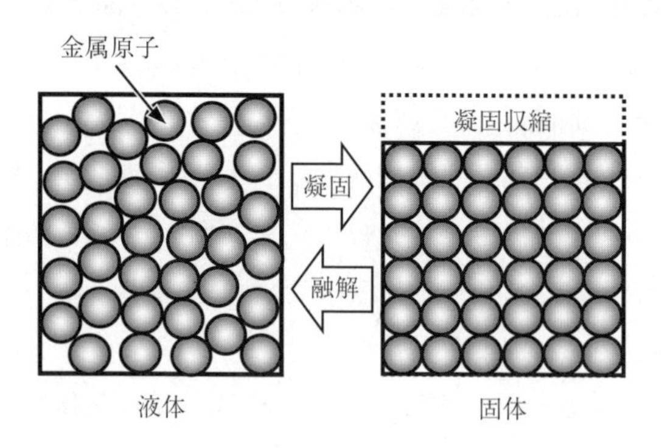

図 2.6　液体および固体状態での原子の配置模式図

ものもあり，ケイ素や黒鉛などが当てはまる。

鋳造では，鋳型に鋳込まれた溶湯が凝固する際に，通常は体積が収縮するが，この収縮分を補うことができないと内部に空洞ができることがある。これをひけ巣（shrinkage cavity）という。**図 2.7** にひけ巣の例を示す[3]。また，凝固収縮以外にも溶融状態，固体状態でも温度が低下することによって，熱収縮するので体積（二次元的には寸法）が小さくなる。

図 2.7　製品内に発生したひけ巣[3]

〔**2**〕 **凝 固 形 態**　鋳造用アルミニウム合金の主要な合金系である Al–Si 二元系状態図の模式図を**図 2.8** に示す。純 Al の融点は 660 ℃で，これに Si が添加されると液相線温度が低下して，Si が 12.6 % で Al と Si が同時に晶出す

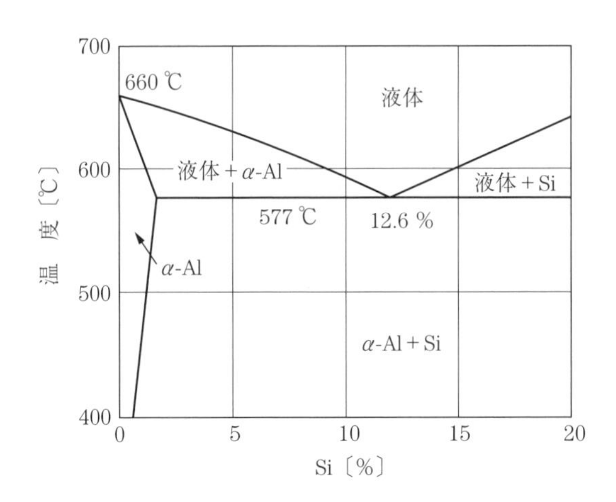

図 2.8　Al–Si 二元系状態図

る 577℃の共晶点に達する。純 Al および Al–12.6 %Si 共晶はそれぞれ 660℃，577℃で液体/固体の相変態が起こる。

鋳型内の溶湯が凝固する際には，合金組成によって大きく分けて**図 2.9** の模式図に示すように二つの凝固の仕方がある。純 Al および Al–12.6 %Si 共晶組成の凝固は，図（a）に示すように，鋳型壁から順次中心部に向かって凝固し，表皮形成型（skin formation type）凝固と呼ばれる。また，液相線と固相線あるいは共晶線で囲まれた固体と液体が共存する領域（固液共存領域）の合金は，図（b）に示すように鋳型内のさまざまな場所で固相が晶出しながら凝固が進むので粥状（mushy あるいは pasty manner）型凝固と呼ばれる。凝固形態（solidification type）の違いは，ひけ巣の発生や湯流れ性に影響するので十分認識しておく必要がある。

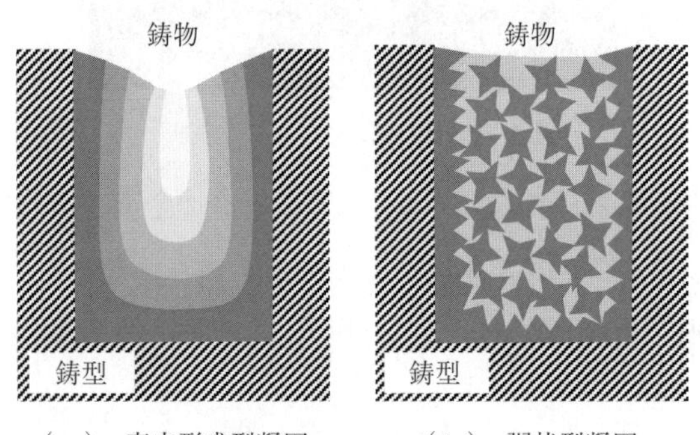

（a）　表皮形成型凝固　　　（b）　粥状型凝固

図 2.9　凝固形態の模式図

〔3〕　流　動　性　　鋳型内を流れる溶湯は，鋳型に熱を奪われながら移動する。したがって，冷却・凝固により溶湯が移動できなくなる前に充填を完了することが大切である。**図 2.10** は，鋳型内を流動中に凝固して発生した未充填（misrun）を示す[3)]。

鋳型内の溶湯の流動状況は，〔2〕項の凝固形態に大きく影響される。**図 2.11** に溶湯の流動停止機構の模式図を示す[4)]。

純金属や共晶組成合金の場合は，固液共存領域がなく表皮形成型凝固であることから図（a）のように金型と接した部分から凝固し，次第に内部に凝固が

図 2.10　鋳型内を流動中に凝固して発生した未充填[3)]

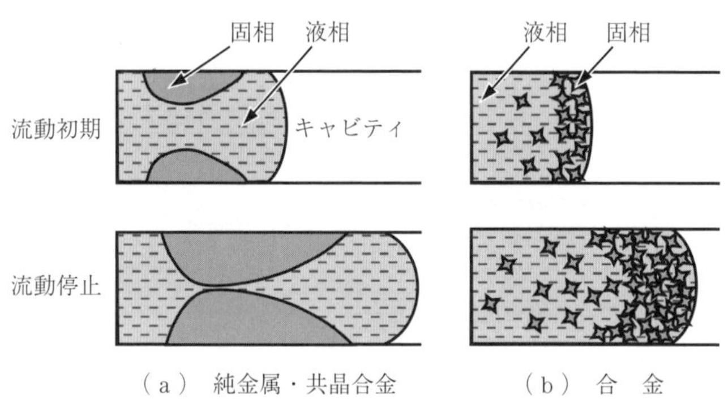

図 2.11　流動停止機構の模式図

進行し，この部分が凝固完了，つまり固相率（solid fraction）が 1 になると流動が停止する。固相率とは溶湯中に占める固相の割合のことである。

合金の場合は，固液共存幅があるため粥状凝固になり，図（b）のように流動先端で固相が生成し，ある固相の割合になると見かけの粘性が急激に高くなり流動が停止する。このときの固相率を流動停止固相率といい，1 に近いほど，つまり表皮形成型合金に近いほど流動性（fluidity）が良くなる。

2.2　鋳造法の種類

2.2.1　鋳造法の分類

鋳造法にはさまざまな種類がある。その分類は**表 2.1** に示すように一般的

表 **2.1**　鋳造法の分類

鋳型材質	鋳造法		鋳造材料	
	大分類	小分類	鉄　系	非鉄系
非金属	砂型鋳造法	生砂型	○	○
		ガス硬化型	○	○
		自硬性型	○	○
		熱硬化型	○	○
	フルモールド法		○	○
	V プロセス法		○	○
	精密鋳造法	セラミックス	×	○
		石膏型	×	○
		ロストワックス	×	○
金属	金型鋳造法	重力金型鋳造	△	○
		低圧鋳造	×	○
		ダイカスト	×	○
その他	特殊鋳造法	遠心力鋳造	△	○
		連続鋳造	○	○

○：一般的に使用　△：使用されることがある　×：使用されない

表 **2.2**　鋳込み時の圧力による分類

鋳造法	鋳込み時の圧力
重力金型鋳造	大気圧
低圧鋳造	大気圧 + 0.05 ～ 0.1 MPa
ダイカスト	30 ～ 70 MPa

には鋳型の材質による。また，鋳型に金属を用いる金型鋳造は，**表 2.2** に示すように鋳型に鋳込む際の圧力や鋳込み後の圧力によっても分類される。

鋳造できる材料は，鋳型の種類によって向き，不向きが分かれる。例えば，鋳鉄では冷却速度が速いと黒鉛が生成せずに硬くて脆い鉄と炭素の化合物であるセメンタイト（Fe_3C）が生成して，十分な機械的性質が得られないので，通常は冷却速度の遅い砂型で鋳造される。ただし，場合によっては重力金型鋳造（gravity die casting）が行われることがある。

また，アルミニウム合金やマグネシウム合金などの非鉄金属は，ほとんどすべての鋳型が使用できる。ただし，銅合金の種類によっては金型鋳造が難しいものもあるので，材料の特性を考慮して鋳造法を選択する。また，経済的な理由から生産する鋳物の数によっても鋳造法を選択する必要がある。

〔1〕 **鋳型による分類**　鋳型による分類は，その材質によって非金属を用いる場合と金属を用いる場合に大きく分けられる。前者は，砂，セラミックス，石膏などの非金属が用いられ，基本的には鋳造するたびに鋳型を作る必要がある。後者はおもに耐熱鋼などの鉄鋼材料が用いられ，金型と呼ばれる。金型は繰り返して鋳造に使えるので，「永久鋳型」とか「恒久鋳型」とも呼ばれる。

〔2〕 **圧力による分類**　砂型鋳造法は，一般的には重力を利用して溶湯を鋳型に鋳込み，大気圧下で凝固させる。金型鋳造法では，鋳込む際や鋳込んだ後に付加する圧力によっても分類される。鋳込む際に重力を利用して鋳型に溶湯を鋳込んで大気圧下で凝固させる重力鋳造と，加圧力をかけて鋳型に鋳込んで凝固するまで圧力をかける圧力鋳造に分かれる。場合によっては減圧あるいは真空を利用して溶湯を鋳型に鋳込む方法もある。

2.2.2 砂 型 鋳 造 法[5)]

鋳型に砂を使用して鋳物を作る鋳造法を砂型鋳造法という。使用する添加剤や硬化方法によって，**表 2.3** に示すように生砂型（green sand mold），ガス硬

表 2.3　おもな砂型鋳造法の種類

分　類	区分	代表例	添加剤
生砂型			ベントナイト，デンプン，石炭粉
ガス硬化性鋳型	有機系	コールドボックス法	フェノール樹脂，イソシアネート樹脂，アミンガス
	無機系	炭酸ガス法	水ガラス，CO_2
自硬性鋳型	有機系	フラン自硬性鋳型	フラン樹脂，有機酸
	無機系	有機エステル自硬性	水ガラス，有機エステル
熱硬化性鋳型	有機系	シェルモールド法	フェノール樹脂

化性鋳型（gas hardening mold），自硬性鋳型（self hardening mold），熱硬化性鋳型（thermosetting mold）などさまざまな種類がある。**表 2.4** にそれぞれの長所・短所を示す。どのような鋳型を使用するかは，鋳造する材料・製品によって使い分ける。

表 2.4　砂型鋳造法の長所・短所

	長　所	短　所
生砂型	・造型速度が速く，生産性に優れる。 ・薄肉鋳物にも適している。 ・大きさも小さいものから大きな鋳物まで幅が広く対応できる。 ・設備費が少なくてすむ。 ・臭気が出ないので環境に優しい。 ・型ばらしが容易である。 ・砂の再生がしやすい。	・鋳型の強度が低いため型崩れが起きやすく，砂落ちなどの不良につながる。 ・方案に制約がある。 ・複雑な形状や溝の深い鋳物が不得意である。
ガス硬化性鋳型	・鋳型が含有する水分は，分解水だけなので非常に少ない。 ・砂の流動性が良いので，外型，中子型いずれも容易に造型できる。 ・型の乾燥処理が不要である。 ・鋳型強度がある。 ・費用設備が少なくてすむ。 ・型の膨張，収縮，変形が少なく，寸法精度が良い。	・鋳型自体に吸湿性があるので，長時間放置すると強度が低下する。 ・型ばらしがしにくい。 ・CO_2 型の使用後の砂はリサイクルできない。
自硬性鋳型	・樹脂粘性が低く樹脂添加量も少ないため混練砂の流動性が良く型込めが容易である。 ・可使時間，抜型時間の設定自由度が高く，鋳型サイズ，形状の適用範囲が広い。 ・なりより性が少なく寸法精度の良い鋳型ができる。 ・残留強度が低く，崩壊性が良い。 ・砂の再生性が良く，95 % 以上の歩留りが達成できる。 ・鋳型の表面安定性が高く，鋳肌がきれいである。	・砂中の粘土分，微粉分，アルカリ分などにより硬化速度が影響を受けやすい。 ・気温，砂温，湿度などの造型条件により硬化速度，鋳型強度が影響を受けやすい。 ・なりより性が少なく，薄肉鋳鋼品で熱間亀裂を発生しやすい。 ・ダクタイル鋳鉄で球状化阻害が起きやすい。 ・注湯時に発生する二酸化硫黄により作業環境の悪化が懸念される。
熱硬化性鋳型	・シェルモールド用 RCS（resin coated sand）は乾態である。 ・鋳型強度が高い。 ・保存による強度劣化がほとんどない。 ・中空中子の造型が容易である。 ・生型砂でのシェル中子からの砂混入による影響が少ない。 ・生型再生砂の RCS への利用が容易である。	・鋳型，中子製作に金型を必要とする。 ・金型を高温（250 ～ 350 ℃）に加熱する必要がある。 ・軽合金鋳物での鋳造後の砂崩壊性が悪い。 ・造型時にホルムアルデヒド，フェノールの臭気を発生する。

図 2.12 に砂型鋳造法の工程を示す。砂で鋳型を作る場合には，まず作る製品と同じ形状，厳密には製品よりやや大きい模型と呼ばれるものを作る。模型は，木や樹脂あるいは金属などで作る。最近では，3D プリンターを利用して模型を作ることが多くなっている。枠の中に模型を入れて砂を詰める。その際に溶湯が通る道なども一緒に作る。砂を固めたら模型を抜き取る。できた空洞に溶湯を流し込んで，冷えて固まったあと，砂型を壊して鋳物を取り出す。余分な部分を切断して形を整えたら鋳物が完成する。

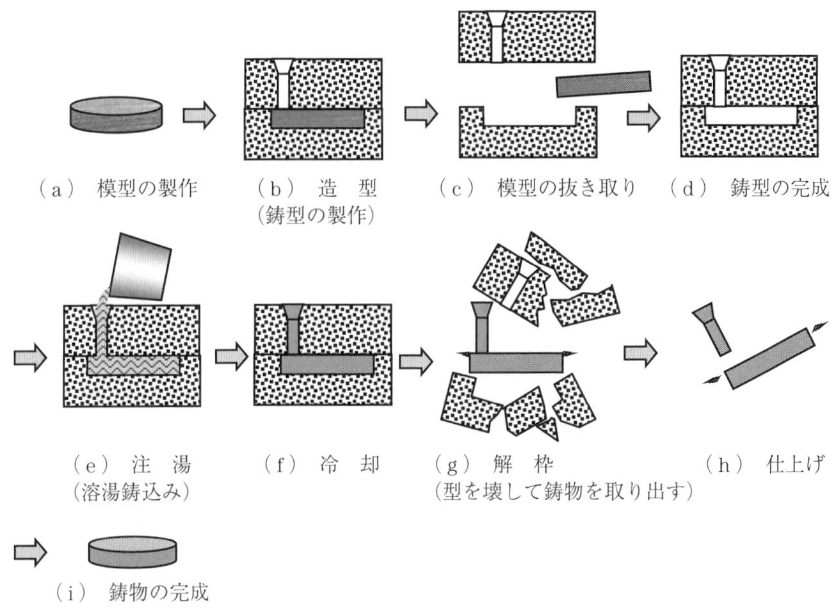

図 2.12 砂型鋳造法の工程

砂型鋳造法では，**図 2.13** に示すようなアルミニウム合金の船舶エンジン部品，自動車部品，鉄道車両部品などさまざまな鋳物が作られる。

〔1〕 生 砂 型 生砂型（なまずながた）（生型（なまがた））は，けい砂と呼ばれる砂にベントナイト（bentonite）などの粘土や水を加えて混練して作った鋳型である。使用する砂（鋳物砂）は，天然に産出される粘土を含んだ山砂をそのまま使ったり，川砂や人工けい砂にベントナイトや石炭粉などを混ぜたりしたものを混練して用いる。

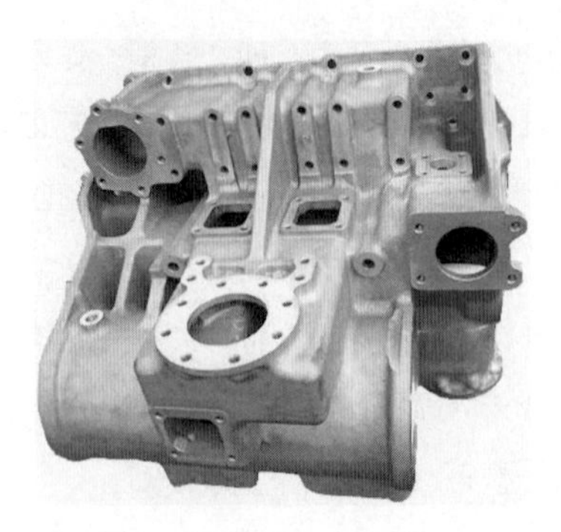

図 2.13　アルミニウム合金の船舶エンジン部品
（写真提供：株式会社田島軽金属）

鋳型は，高温の溶湯が鋳込まれるため，溶湯の圧力や温度に十分耐える必要がある。けい砂は 1 745 ℃の耐熱性があり，注湯時に耐火物として鋳型を保持することができる。山砂を用いる場合はすでに粘土分を含んでいるので，水を 3 ～ 8 % 程度添加して混練する。

ベントナイトは，おもな添加剤で水を含有することで砂どうしをつなげる糊の役割（粘結剤）を果たすので，7 ～ 15 % 程度添加する。ベントナイトは，混練時の粘結力が強いので砂の流動性が悪くなるため，鋳型を作る（造型という）際には，大きな力を加えて砂を充填する。デンプンもベントナイトと同様に粘結剤の役割をする。石炭粉は，溶湯が鋳込まれるとガス化して溶湯の酸化を防ぎ，鋳物の肌を良くする。

生砂型に含まれる添加剤や水分などは，溶湯の熱によって熱分解ガスを発生する。これらのガスを鋳型の外に逃がすために生砂型には十分な通気性を有する必要がある。

〔**2**〕 **ガス硬化性鋳型**　　ガス硬化性鋳型は，けい砂と粘結剤を混練してこれを型枠に充填した後に反応性の気体を通気させることにより化学反応で粘結剤を硬化させて作る。コールドボックス法（cold box process）は，フェノール樹脂やイソシアネート樹脂を粘結剤として造型した鋳型にアミンガスや炭酸ガスを通すことで常温で短時間に硬化させる。

炭酸ガス硬化鋳型は，炭酸ガスと水ガラスの反応を利用した炭酸ガス法がある。水ガラスをけい砂に3～4％程度配合して造型した鋳型に炭酸ガスを吹込んで硬化させる。ガス硬化性鋳型は，鋳型の崩壊性が悪く，砂のリサイクルも難しいために廃棄物処理の問題を抱え，最近では自硬性鋳型に置き換わってきている。しかし，コストが安く，臭気の少ないため作業環境が良いため，一部で使われている。

〔**3**〕 **自硬性鋳型**　自硬性鋳型は，粘結剤によって無機系（水ガラス，セメントなど），有機系（フェノール，フラン，ポリオールなど）がある。造型後に外部からの加熱やガスの通気などを行わず常温で放置して硬化させる。粘結剤の種類としては，代表的なものにフラン自硬性鋳型がある。フラン自硬性鋳型（furan self-hardening resin mold）は，フラン樹脂と硬化剤（有機スルホン酸）の反応により硬化する。フラン自硬性鋳型は，樹脂粘性が低く樹脂添加量も少ないため，混練砂の流動性が良く型込めが容易であること，抜型時間の設定自由度が高く，鋳型サイズ・形状の適用範囲が広く，寸法精度の良い鋳型ができる。また鋳型の表面安定性が高く，きれいな鋳肌になる。フラン鋳型以外にも，アルカリフェノール樹脂（alkaline phenolic resin）やフェノール樹脂（phenolic resin）などを用いた自硬性鋳型がある。

〔**4**〕 **熱硬化性鋳型**　熱硬化性鋳型は，けい砂に熱硬化性樹脂（フェノール樹脂）と硬化剤（ヘキサミン）を被覆したレジンコーテッドサンド（RCS：resin coated sand）を240～280℃に加熱した金型に充填して，金型の熱により硬化させて作る。鋳型の厚みは5～10 mm程度になり，その形状が貝殻状になるので「シェルモールド（shell mold）」とも呼ばれる。熱硬化性鋳型は，鋳型に粘土分や水分が含まれないため，通気性が良く，ガスの抜けも良いので，おもに中子として使用される。また，鋳型強度の劣化がほとんどなく鋳型の長期保存が可能という長所がある。一方，鋳造時には粘結剤が加熱され臭気を発すること，鋳物の大きさが制限されること，鋳物砂の再利用には特別な処理設備が必要であるなどの短所もある。

2.2.3 フルモールド鋳造法 [6)]

フルモールド鋳造法（full-mold casting）は，**図2.14**に示すように発泡スチロールで製品と同じ形状の模型を作り，これを鋳物砂の中に埋めて造型し，模型部分に直接溶湯を鋳込むことで，模型が燃焼・気化してできた空間部に溶湯が満されることで鋳物を作る鋳造法である。一般的な鋳造法では，造型後に模型を取り除いてできた空洞に溶湯を鋳込むが，この方法では鋳込む前の鋳型は湯口や湯道も含んだ発泡スチロール型で満たされていることから「フルモールド鋳造法」と呼ばれる。鋳型の中の模型が瞬時になくなり溶湯に置き換わることから「消失模型鋳造法（evaporative pattern casting）」ともいわれる。フルモールド鋳造法では，製品と同一な形状の模型を使用するため，中子を必要としないので，中空製品や複雑な形状の製品も簡便に作ることができる。一つ

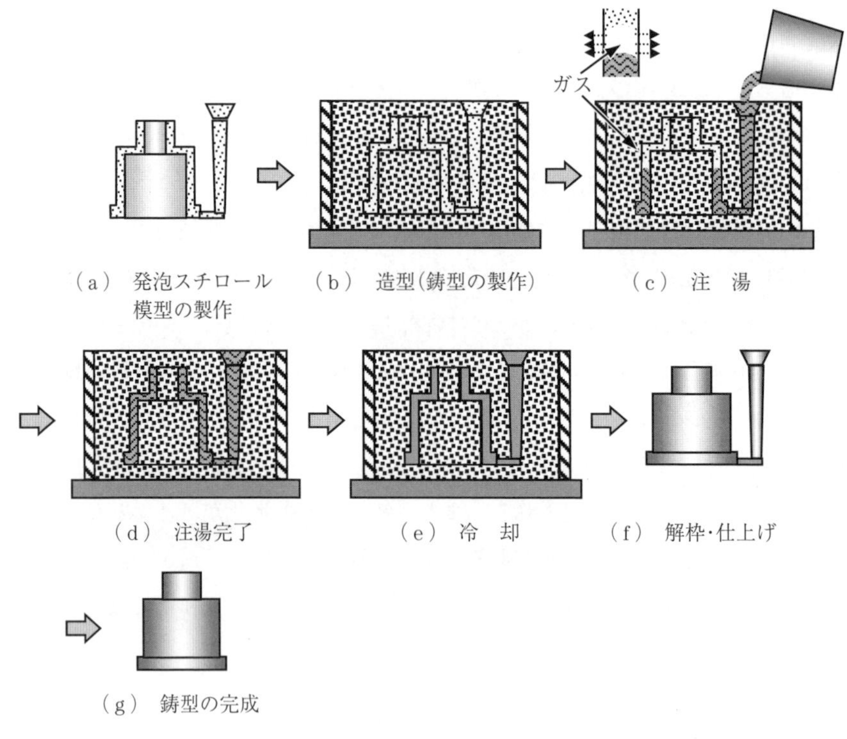

図2.14　フルモールド鋳造法の工程

の型で一つの鋳物を作る「1 対 1」の鋳造法なので，少量生産の鋳物でよく用いられ，**図 2.15** に示す鋳鉄製の工作機械のベッドや美術工芸品など，幅広い分野でこの鋳造法が採用されている。さらに，通常，鋳型から模型を抜き取る際には鋳物を抜き取りやすいように抜勾配と呼ばれるテーパーをつけるが，この工法では抜勾配が不要である。また，鋳型から模型や木型を抜くための型分割面も不要なので，鋳バリと呼ばれる金型分割面への張り出し部分が発生しない。

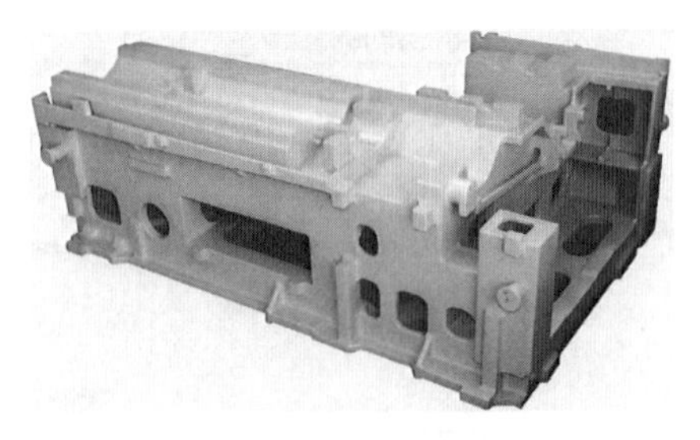

図 2.15　フルモールド鋳造法による鋳鉄製の工作機械のベッド
（写真提供：株式会社木村鋳造所）

発泡スチロール模型は，3D CAD/CAM で加工できるので単品の鋳物の場合の納期が短くなり，コストが安くなる。また，ソリッドデータで保管するので，従来のような製品ごとに多数の木型の保管が不要になる。組み立ての必要な製品でも模型を作る際に一体化をすれば一体化鋳造が可能である。

反面，製品一つに対して一つの模型が必要になることや，模型の強度が弱く砂の重さで変形したり欠けたりする欠点がある。また，発泡スチロールが燃焼することでガスが発生したり，発泡スチロールの燃焼残渣（燃えかす）を発生したりすることがある。

2.2.4 V プロセス鋳造法 [7]

V プロセス鋳造法（vacuum sealed process casting）は 1971 年に日本で開発されたプロセスで，吸引力によって減圧して鋳型を造型し，鋳造，冷却後，鋳型を大気圧に戻すことによって型ばらしを行う鋳造法である。V プロセスの V は，英語で真空を意味する vacuum の頭文字である。

図 2.16 に V プロセス鋳造法の工程を示す。模型面に厚さ 0.1 mm 程度のビニールフィルムで覆って密閉し，模型にあらかじめ開けられた細穴より空気を吸引して圧力を下げ，ビニールフィルムを模型に密着させる。その上に鋳物砂に振動を与えながら詰め，背面を再びビニールフィルムで覆って密閉し，鋳型内を吸引減圧する。つぎに模型側の圧力を常圧に戻すことで成形された鋳型を

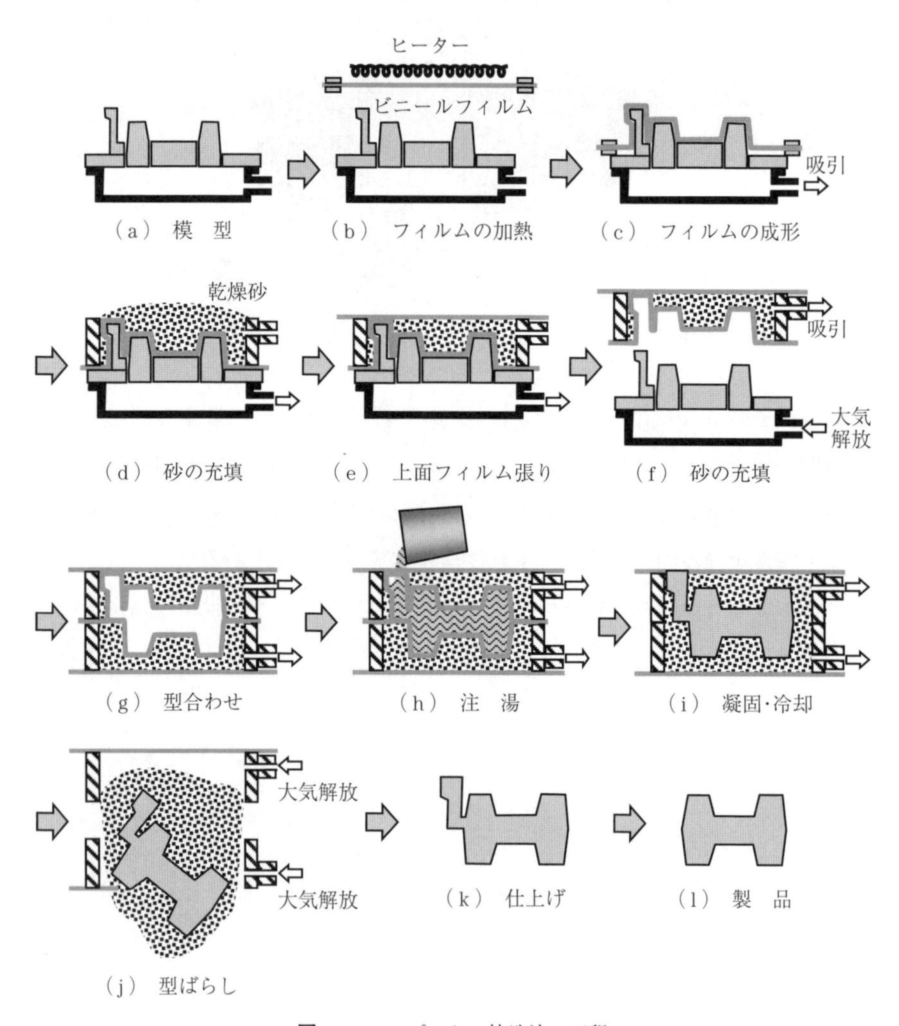

図 2.16　V プロセス鋳造法の工程

外す。このようにしてできた鋳型は，減圧状態（圧力 45 ～ 60 kPa）なので大気圧によって形状を保ち，強固となる。この状態で鋳込みを行うが，ビニールフィルムの燃焼による砂の崩れは起こらない。鋳物の冷却後，鋳型内を大気圧に戻すと，砂は流動状態に戻り落下する。

Vプロセス鋳造法では，鋳物砂に粘結剤を使用しないので，流動性に優れ，振動をかけることで隅々まで鋳物砂を充填でき，模型の形状を精密に再現できる。また，鋳型の表面はビニールフィルムなのできれいな鋳肌が得られる。

鋳物砂がビニールフィルムによってシールされており，滑りやすいため抜勾配が小さくても模型を取り出すことができる。また，鋳物砂が直接模型に触れないので，模型が摩耗しにくく長持ちすることや，粘結剤や添加剤を使用しないので鋳物砂は繰り返し使用することができ，生産面でも有利な面がある。

しかし，ビニールフィルムに成形限界があるので，形状によっては適用できない場合がある。また，減圧によって型を保持しているので中子を多く用いるような複雑な鋳物には適用できない。

Vプロセス鋳造法は，**図 2.17** に示すようなアルミニウム製の門扉やカーテンウォールなどの大型薄肉鋳物などに採用されている。

図 2.17 Vプロセス鋳造法によるアルミニウム製の門扉（写真提供：アスザック株式会社）

2.2.5 精密鋳造法[8)]

精密鋳造法は，一般の砂型鋳物に比較して，鋳肌，寸法が優れた製品を作る鋳造法のことで，複雑形状でアンダーカットのある鋳物やニアネットシェイプ（near net shape）の鋳物が鋳造できる。精密鋳造法には，インベスメント鋳造法（investment casting），プラスターモールド鋳造法（plaster mold casting），セラミックモールド鋳造法（ceramic mold casting）などがある。

〔1〕 インベスメント鋳造法　インベスメント鋳造法（ロストワックス鋳造法（lost wax casting）とも呼ばれる）は，**図 2.18** に示すようにワックス（蠟）

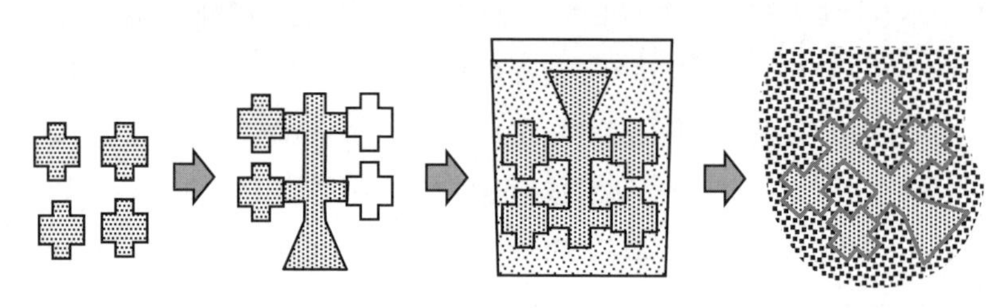

（a） ワックス模型　（b） 組み立て　（c） スラリーへ浸漬　（d） 耐火物粒のコーティング

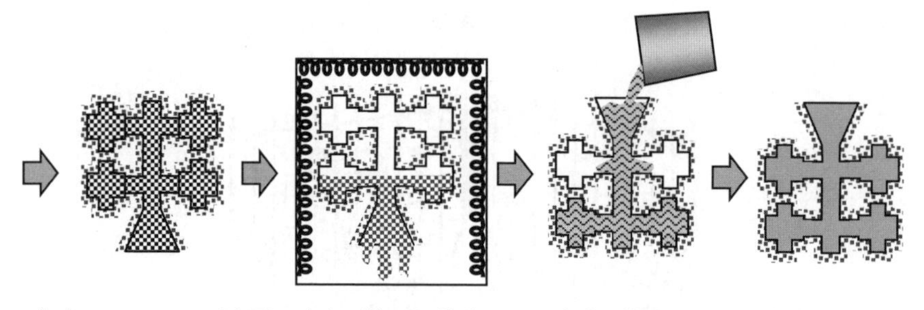

（e） コーティング完了　（f） 脱ろう･焼成　（g） 鋳込み　（h） 凝　固

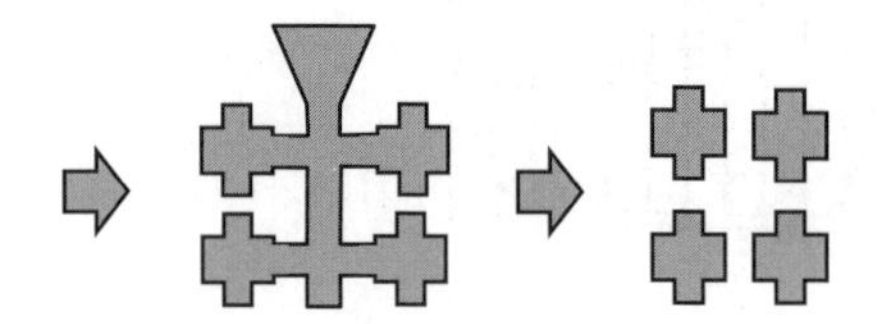

（i） 砂落とし･仕上げ　（j） 製　品

図 2.18　インベスメント鋳造法の工程

で模型を作り，耐火性のスラリーに浸漬・耐火性粉末の振りかけを繰り返してコーティングをした後に硬化させて，高温に加熱して模型を溶かし出し，さらに焼成して鋳型を作る方法である。鋳型を分割する必要がないため，金型や砂型では抜くことが難しい複雑な形状であっても，容易に鋳造することができる。ジェットエンジン部品やディーゼルエンジン部品などの複雑な形状の工業製品や美術工芸品など機械加工が困難な製品，**図2.19**に示す純銀製の指輪やペンダントなどの装飾品を製造するために用いられる。

図2.19　インベスメント鋳造法による純銀製の指輪
（写真提供：StudioMIZU.com）

〔**2**〕 **プラスターモールド鋳造法**　プラスターモールド鋳造法は，木，樹脂，ゴムなどのさまざまな素材で模型を作り，石膏（plaster）を流し込んで鋳型を作る方法である。また，シリコンゴムなどで模型を2度反転してから石膏を流し込む方法もある。得られた鋳型は，220℃前後で加熱・乾燥させて，無水石膏にしてから鋳造する。プラスターモールド鋳造法は，石膏と反応しない銅合金より融点の低い亜鉛合金，アルミニウム合金，マグネシウム合金などの鋳造に用いられる。用途としては，試作鋳物，装飾品などがある。

〔**3**〕 **セラミックモールド鋳造法**　セラミックモールド鋳造法は，プラスターモールド鋳造法と同様な模型を用いて，石膏の代わりにアルミナやジルコニアなどのセラミックスとけい酸ゾル，コロイダルシリカなどのバインダー，アンモニア系水溶液，アミン類などの硬化剤を混合したスラリー（slurry）を流し込んで，化学的に固化・乾燥させた後に900℃以上の高温で焼き固めて鋳

型を作る。スラリーとは液体に固体粒子が混ざり込んだ状態のことである。用途としては，鍛造，プレスなどの金型，ポンプ部品，土木・建築部品などがある。

2.2.6　重力金型鋳造法[9)]

耐熱鋼あるいは鋳鉄などの金属製の鋳型の空洞部に，重力を利用して溶湯を流し込んで鋳物を作る方法を重力金型鋳造法という。鋳型が何回でも繰り返し使えるので，同じ製品を多数生産することができる。砂型鋳造に比べて冷却速度が速いので，金属組織も微細で機械的に優れた鋳物が得られる特徴がある。また，鋳造時に溶湯に作用する圧力は大気圧程度なので，砂で作った中子と呼ばれる型が使用でき，中空部を有する複雑な形状の鋳物の鋳造が可能である。重力金型鋳造法は，おもにアルミニウム合金やマグネシウム合金などの鋳造に用いられる。**図 2.20** に示す自動車のエンジン部品や重要保安部品などが生産される。

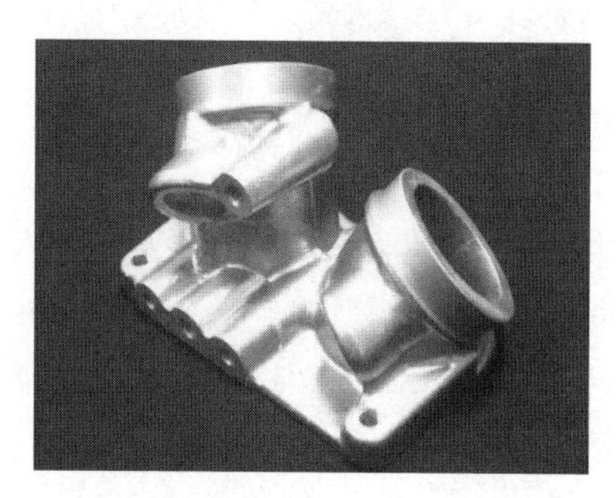

図 2.20　アルミニウム合金製のインレットマニホールド
（写真提供：光軽金属工業株式会社）

重力金型鋳造には，金型を手動で開閉するような簡単なものから，油圧シリンダーにより自動で金型を開閉する大型のものが用いられる。また，自動鋳造機には上下あるいは左右に金型を開閉してその合わせ面に形成された湯口から溶湯を金型に注湯する**図 2.21** の定置式鋳造機（stationary type casting machine）と，**図 2.22** の金型を傾斜させながら注湯する傾斜式鋳造機（tilting type casting machine）がある。後者は注湯時の溶融金属の乱れが少ないことから，ガ

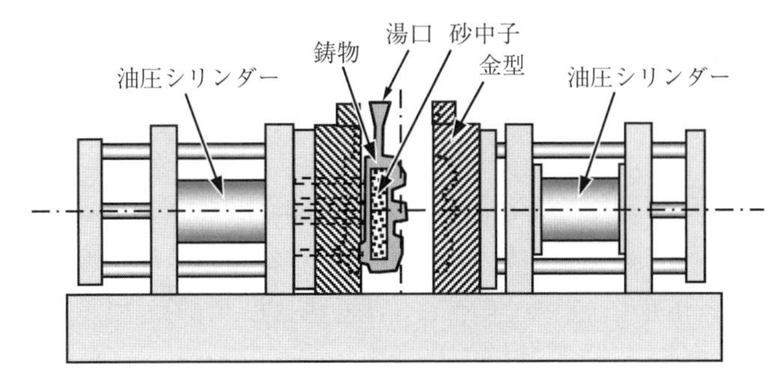

図 2.21　定置式鋳造機の例

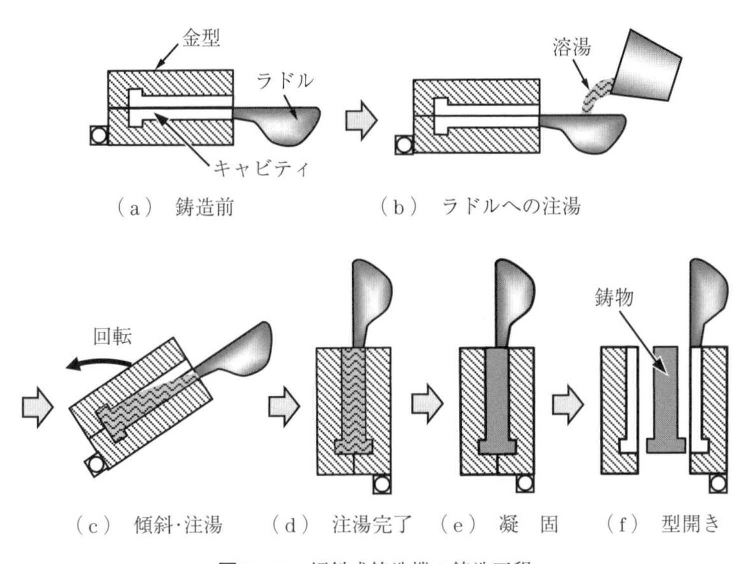

図 2.22　傾斜式鋳造機の鋳造工程

スの巻き込みや介在物の巻き込みが少なく品質の良い鋳物が得られるため最近では主流になりつつある。

重力金型鋳造の金型に使われる材料は，熱間工具鋼（hot work die steel）や鋳鉄（cast iron）が用いられる。アルミニウム合金の鋳造での金型の寿命は，鋳鉄で 2 ～ 4 万ショット，SKD6 熱処理材で 3 ～ 10 万ショット程度である。溶湯が鋳込まれる金型表面には，直接金型と溶湯が接触しないように，炭酸カルシウム，アルミナ，黒鉛などの耐熱性，断熱性のある粉末を水ガラスなどの粘結剤に混ぜて金型内面に塗布する。これを塗型（とがた）（washing）という。これにより，湯流れ性，離型性，金型の寿命向上が得られる。

2.2.7 低圧鋳造法[10)]

低圧鋳造法（low pressure die casting）は，金型鋳造法の一種で重力金型鋳造法が重力を利用して金型の空隙部に溶湯を鋳込むのに対して，低圧鋳造法では鋳造時に空気圧あるいは不活性ガス圧を作用させて鋳込む鋳造方式である。おもにアルミニウム合金の鋳造に用いられる。**図 2.23** の自動車のシリンダーヘッドやタイヤホイールなどに用いられる。

図 2.23　アルミニウム合金製シリンダーヘッド
（写真提供：日本鋳造工学会）

低圧鋳造法は，押湯が不要で鋳造品の鋳造歩留りが高いこと，ひけ巣やガス欠陥などが少ない高品質な鋳物ができること，砂中子を用いた薄肉で複雑な鋳物ができるなどの長所がある。一方で，金型温度が高いので鋳造サイクルが長い短所もある。

図 2.24 に低圧鋳造機の概略図を示す。密閉したるつぼの上部に金型を設置し，るつぼ内の溶湯と金型とをストークで連結している。**図 2.25** に低圧鋳造機の鋳造工程を示す。まず，溶湯表面に 0.05 ～ 0.1 MPa の空気圧や不活性ガスを加えて，溶湯をストーク内を通して静かに上昇させる。

金型は，湯口から遠い部分の温度が低く，るつぼ側の温度が高いため，湯口から遠い所から順次凝固（指向性凝固（directional solidification））する。金型を満たした溶湯が，冷却されて金型下部の湯口まで凝固するまで加圧を保持す

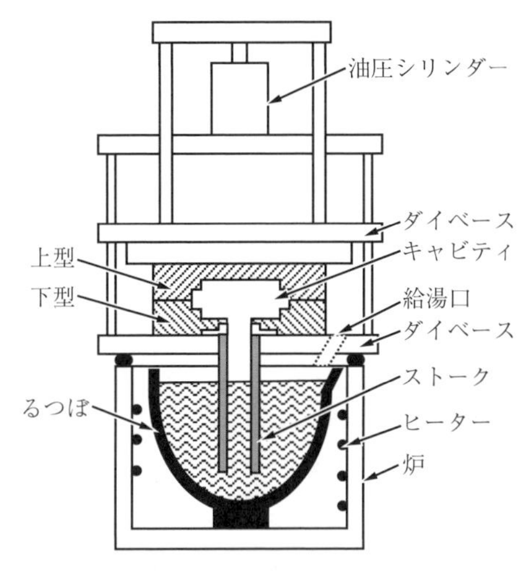

図 **2.24**　低 圧 鋳 造 機

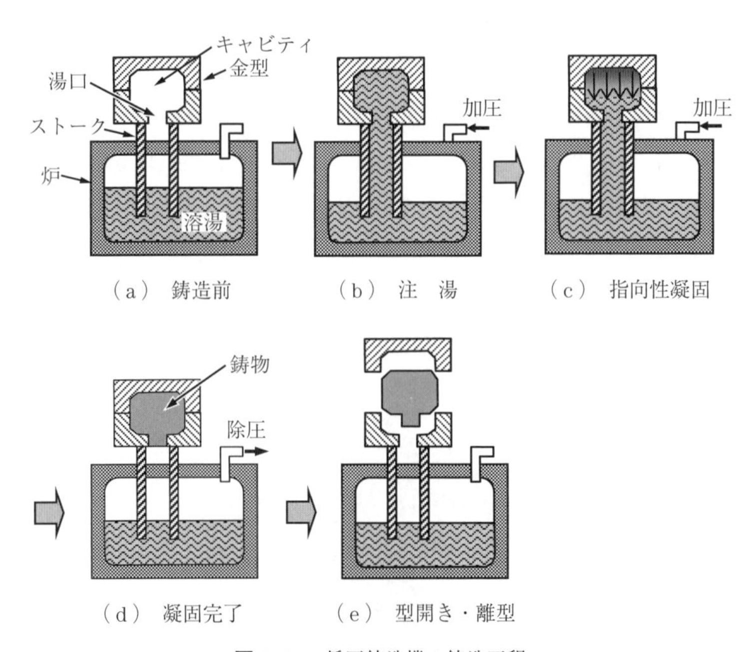

図 **2.25**　低圧鋳造機の鋳造工程

る。湯口部まで凝固した時点で，加圧を中止すると押湯となっているストーク内の溶湯はるつぼ内へと戻る。

砂型鋳造や重力金型鋳造などのように押湯が不要なため，鋳造歩留りが高く，重力金型鋳造の 40 ～ 70 % に対して 90 % 以上といわれている。

低圧鋳造では，キャビティ部分には SKD61 などの熱間工具鋼が用いられ，それ以外の金型部品には炭素鋼が用いられる。キャビティ部分は，通常は熱処理（焼入れ・焼戻し）し，必要に応じて窒化処理が行われ，重力金型鋳造法と同様に塗型が施される。

2.2.8 ダイカスト法 [11),12)]

ダイカスト法（die casting, high pressure die casting）は，金型鋳造法の一種でアルミニウム合金，亜鉛合金，マグネシウム合金，銅合金などの溶湯を精密な金型の中に高速で充填し，高圧力を加えて凝固させる鋳造方式である。

ダイカストは，鋳肌がきれいで，寸法精度が高く，薄肉で複雑な形状の鋳物が短時間にハイサイクルで生産できる特徴がある。大量生産に向いているが，設備費・金型費が高いので少量生産には向いていない。製品内には多くのガス（おもに空気）が閉じ込められているので，溶接や T6 熱処理などは難しい。また，鋳造圧力が高いので重力金型鋳造や低圧鋳造のような砂中子は使用できない。

アルミニウム合金では，**図 2.26** に示すシリンダーブロックやトランスミッションケースなどの自動車部品，エスカレーターのステップ，信号機ケースな

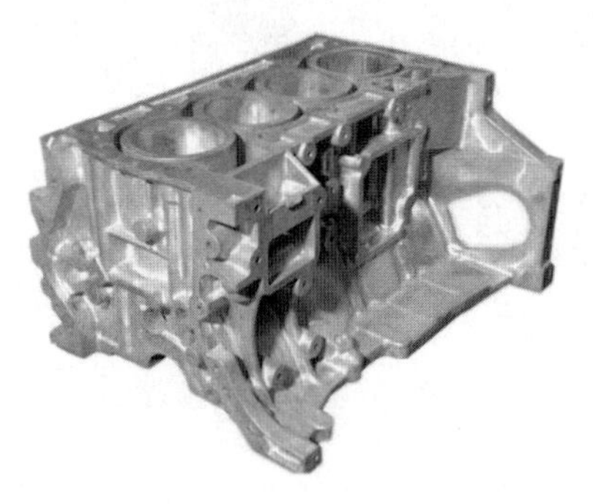

図 2.26　アルミニウム合金製シリンダーブロック
（写真提供：日産自動車株式会社）

どの多くの製品に使用される。

ダイカストに使用される鋳造機（ダイカストマシン（die casting machine）という）には，コールドチャンバーマシン（cold chamber machine）とホットチャンバーマシン（hot chamber machine）がある。アルミニウム合金には，コールドチャンバーマシンが使用される。コールドチャンバーマシンは，**図2.27**に示すように鋳造機と保持炉（溶湯を入れてある炉）が分離している。射出部（チャンバー）が大気中にあるので，コールドチャンバーマシンと呼ばれる。ホットチャンバーマシンは，**図2.28**に示すように鋳造機と保持炉が一体となっており，射出部が保持炉（メルティングポットという）の溶湯中に沈んでいるので，ホットチャンバーマシンと呼ばれる。射出部材には鋼製の部品が用いられるが，鋼はアルミニウム合金溶湯に侵食されやすいため，ホットチャンバーマシンは，鉄製部品が侵食されにくい亜鉛合金やマグネシウム合金などに使用され，アルミニウム合金にはほとんど使用されない。

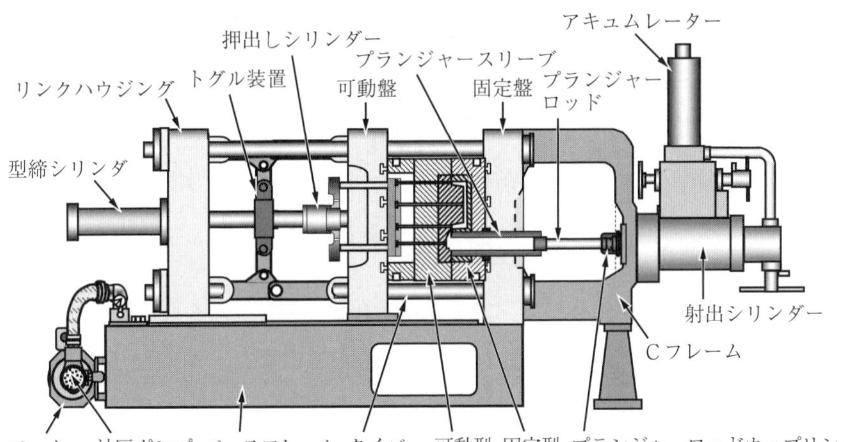

図2.27　コールドチャンバーマシン

図2.29にコールドチャンバーマシンの鋳造工程を示す。保持炉から溶湯をラドルによって射出部に注湯してからプランジャーが前進して溶湯を射出・充填し，金型内の溶湯が凝固すると金型が開いて，製品を取り出す。射出速度は2～4 m/s，鋳造圧力は40～80 MPa程度で鋳造する。おもにアルミニウム合

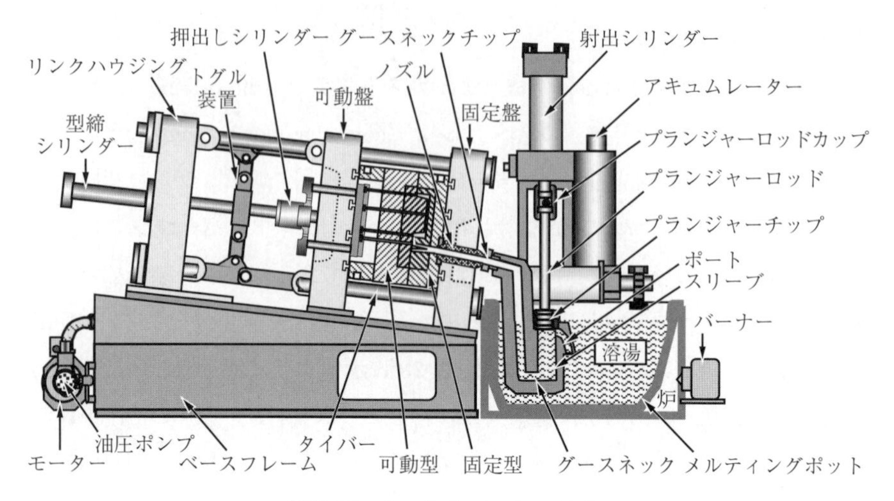

図 2.28 ホットチャンバーマシン

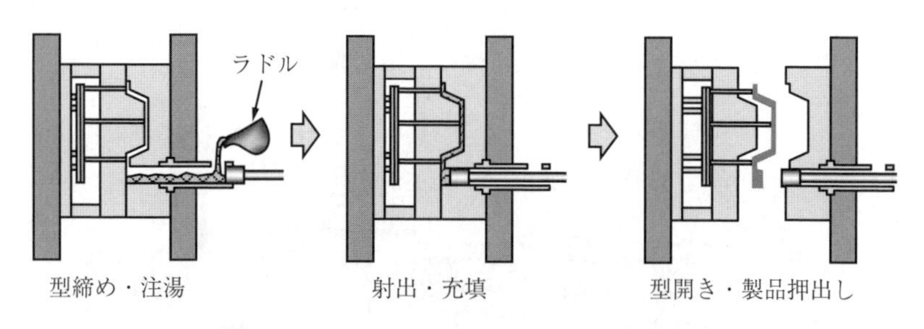

図 2.29 コールドチャンバーマシンの鋳造工程

金に使用されるが，亜鉛合金，マグネシウム合金，銅合金にも使用される。

図 2.30 にダイカストに使用される金型を示す。金型は，固定型（cover die half）と可動型（ejector die half）で構成され，それぞれ固定型は固定おも型と固定入子，可動型は可動おも型と可動入子で構成される。この固定型と可動型を合わせることで溶融金属が鋳込まれて製品になる空間（キャビティ（cavity）という）が形成される。固定型は，ダイカストマシンの固定盤（cover platen）に取り付けられ，溶湯を鋳込むための鋳込み口ブッシュがある。可動型は可動盤（movable platen）に取り付けられ，製品を押し出すための押出しピン（ejector pin）とそれを動かす押出し板（ejector plate）がある。型開き方向と垂直な面の

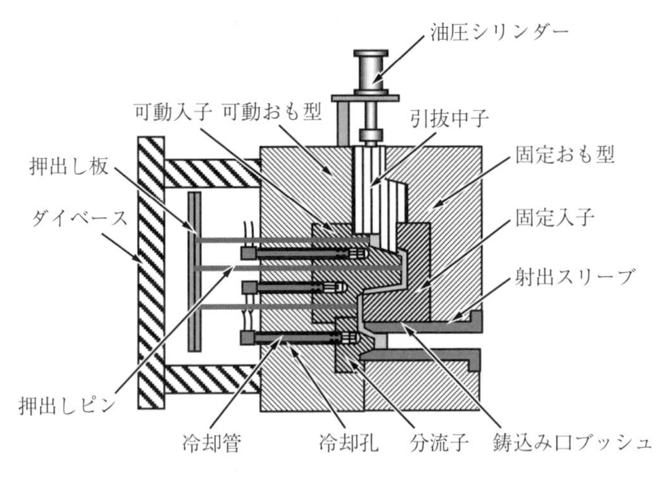

図 2.30　ダイカスト金型（コールドチャンバー用）

鋳抜き穴などは，引抜中子（movable core）を用いることで形成する。金型内には，鋳込まれた溶湯の熱を奪うための冷却管（cooling water line）が配置される。

キャビティを形成する部分（入子（cavity insert）という）は，高温の溶湯に接するためにSKD61などの熱間工具鋼が用いられる。入子をはめ込むおも型（holding block）は，鋳鉄や鋳鋼などが用いられる。その他の部品は，炭素鋼，合金工具鋼，軸受鋼などが用いられる。

2.2.9 遠心鋳造法[13)]

高速で回転する鋳型の中に溶湯を鋳込んで，遠心力の働きにより鋳型に溶湯が押しつけられて，冷却・凝固して鋳物を作る方法を遠心鋳造法（centrifugal casting）という。遠心鋳造法の特徴は，中子を用いずパイプ状の鋳物が生産できることや，湯口や押湯が不要なことや，不純物が表面から内部に移動して外面が緻密で健全な鋳物となることである。一方で，あまり大きな製品や厚肉の製品の製造には限界がある。

遠心鋳造法には，回転軸の向きによって横型と縦型がある。横型では鉄管のように長い製品に適用され，縦型では長さ方向の短い製品に適用されている。

横型遠心鋳造法（horizontal centrifugal casting）は，**図 2.31** のような円筒

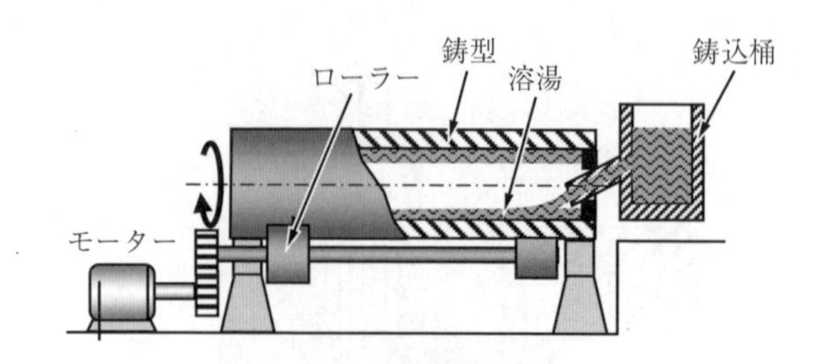

図 2.31　横型遠心鋳造法

状の鋳型を水平軸を回転軸として高速で回転させ，その内側に溶湯を鋳込んで中空鋳物を作る方法である。鋳型には，金型，砂型，レジンコーティッドサンド型などが用いられる。用途は，鋳鋼管，鋳鉄管，製紙用ロールなどの回転体鋳物がある。

縦型遠心鋳造法（vertical centrifugal casting）は，回転軸が垂直に高速回転している鋳型に溶湯を鋳込んで鋳物を作る方法で，**図 2.32** のように縦型遠心鋳造法には 3 種類の方法がある。一つ目は円筒状の鋳型を垂直軸で回転する方法（図（a））で，横型と異なり鋳型の上下で重力の影響が異なるので長尺の回転体鋳物には向いていない。用途はシリンダーライナー，短管スリーブなどがある。二つ目は半遠心鋳造法（図（b））で，鋳物の対称軸を回転軸として鋳型を回転しながら中央の湯口から鋳造するもので，溶湯は遠心力により中央の湯口から外周へ押し出されて鋳込まれる。用途は，円板状の歯車，車輪，プーリーなどの回転体鋳物である。三つ目は，遠心加圧鋳造法（図（c））と呼ばれ，

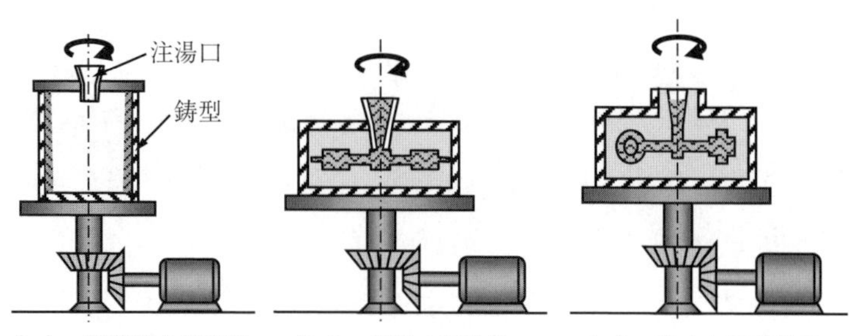

（a）縦型遠心鋳造法　（b）半遠心鋳造法　（c）遠心加圧鋳造法

図 2.32　縦型遠心鋳造法

不定形な製品を中央の湯口から放射状に配置して，湯口を回転軸として垂直軸のまわりに鋳型を回転させて鋳造圧力に遠心力を利用する方法である。用途は指輪などの装飾品や義歯などの歯科用鋳物などである。

2.2.10 連続鋳造法[14)]

連続鋳造法（continuous casting）は，底のない水冷金型に溶湯を連続的に鋳込んで，鋳型内で凝固・冷却して連続的に引き出す鋳造方法である。他の鋳造法と異なり，その形状は正方形，長方形，円形などの単純な断面をした長尺の鋳物で，その用途は，圧延用素材となるスラブ，ブルーム，ビレットなどである。鋼の連続鋳造と非鉄金属の連続鋳造は異なるので，ここではアルミニウム合金に用いられる連続鋳造について解説する。

アルミニウム合金の連続鋳造法にはさまざまな方法があるが，鋳型と鋳片（板状の鋳物）が同時に動く同期型と鋳型と鋳片が別々に動く非同期型がある。**図 2.33** に示す同期型は，二つの回転する水冷ロールの間に溶湯を注湯して凝固・冷却しながら鋳造を行う方式である。

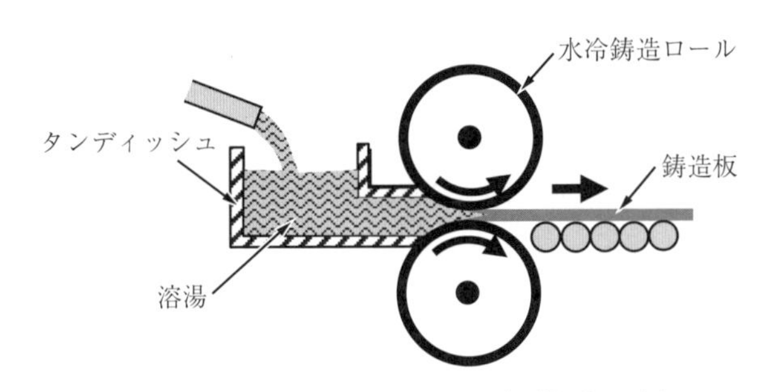

図 2.33 双ロール式連続鋳造機（同期型）の例

また，**図 2.34** に示す非同期型は，水冷した鋳型内（一次冷却帯）に溶湯を注湯し，外側部分を凝固させて下方に移動し，二次冷却帯では一次冷却帯の下部から直接スプレー冷却する。さらに下部の三次冷却帯の水槽で冷却する。所定の長さまで鋳造すると，注湯を中断して鋳片を取り出した後，再度注湯する。これを半連続鋳造法（semi-continuous casting）という。

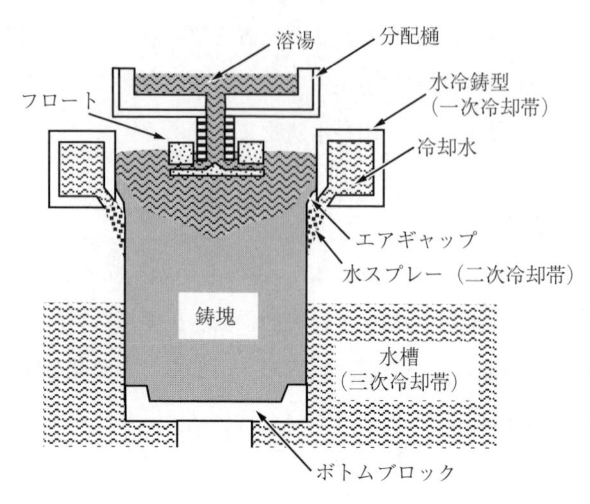

図 2.34　半連続鋳造機（非同期型）の例

2.3　鋳造合金と特性，用途

アルミニウム合金は，軽量で，熱・電気伝導，耐食性，機械的性質，リサイクル性に優れており，外観も美麗であるという特徴がある。アルミニウム合金の鋳造法としては，砂型鋳造，重力金型鋳造，低圧鋳造，ダイカストなどがあるが，ダイカストが最も多く用いられる。

ここでは，アルミニウム合金鋳物とアルミニウム合金ダイカストについて説明する。

2.3.1　アルミニウム合金鋳物の種類，特性，用途 [15]

アルミニウム合金鋳物（aluminum alloy castings）は，製品規格として JIS H 5202：2010 に 16 種類が規定されている。また，鋳物用アルミニウム合金地金（aluminum alloy ingots for castings）は，JIS H 2211：2010 に規定されている。

表 2.5 にアルミニウム合金鋳物の種類，特徴，用途例を示す。アルミニウム合金鋳物は，Al-Cu 系合金，Al-Si 系合金と Al-Mg 系合金に大別される。

表2.5 アルミニウム合金鋳物の種類，特徴，用途例

合金系	JIS 記号	特　徴	用途例
Al-Cu-Mg 系	AC1B	機械的性質に優れ，切削性に優れる。耐食性，鋳造性に劣る。	架線用部品，重電機部品，自転車部品，航空機部品，など
Al-Cu-Si 系	AC2A, AC2B	鋳造性が良く，引張強さは高いが，伸びが低い。	マニホールド，デフキャリア，ポンプボディ，シリンダーヘッド，自動車用足まわり部品，など
Al-Si 系	AC3A	流動性が良く，耐食性，溶接性に優れるが，機械的特質，被削性に劣る。	ケース・カバー，ハウジングなどの薄肉，複雑形状の部品，など
Al-Si-Mg 系	AC4A, AC4C, AC4CH	鋳造性，耐食性，強度，靭性に優れている。特に AC4CH は不純物を抑えた規格のため，改良処理，熱処理により非常に高い伸びを示す。	マニホールド，ブレーキドラム，ミッションケース，クラッチケース，ギヤボックスなど。AC4CH は自動車ホイール，航空機用エンジン部品，など
Al-Si-Cu 系	AC4B	耐食性に劣るが鋳造性に優れる。引張強さは高いが，伸びが低い。	クランクケース，シリンダーヘッド，マニホールドなどの自動車用部品。航空機用電装部品，など
Al-Si-Cu-Mg 系	AC4D	鋳造性に優れ，機械的性質も良い。耐圧性が要求される部品に適する。	水冷シリンダーヘッド，クランクケース，シリンダーブロック，燃料ポンプボディ，など
Al-Cu-Ni-Mg 系	AC5A	高温強度，切削性，耐摩耗性に優れる。鋳造性が良くない。	空冷シリンダーヘッド，ディーゼル機関用ピストン，航空機用エンジン部品，など
Al-Mg 系	AC7A	耐食性，機械的性質，切削性に優れるが鋳造性は良くない。	架線金具，船舶用部品，事務機器，航空機用電装部品，など
Al-Si-Cu-Ni-Mg 系	AC8A, AC8B, AC8C	熱膨張係数が小さく，耐摩耗性，耐熱性に優れる。鋳造性が良好である。AC8C は Ni 無添加。	自動車用ピストン，プーリー，軸受，など
Al-Si-Cu-Ni-Mg 系	AC9A, AC9B	耐熱性，耐摩耗性に優れ，熱膨張係数が小さい。	ピストン，空冷シリンダー，など

〔1〕 **Al-Cu 系合金（鋳物用）**　鋳物用の Al-Cu 系合金には，Al-Cu-Mg 系合金（AC1B），Al-Cu-Si 系合金（AC2A, AC2B），Al-Cu-Ni-Mg 系合金（AC5A）がある。

Al-Cu-Mg 系合金は，強靭性に優れた合金で，切削性が良く，電気伝導性に優れるため，自転車用部品，航空機用油圧部品などに使用されている。Al-Cu-Si 系合金は，機械的性質，鋳造性，被削性，溶接性が優れるため，シリン

ダーヘッド，マニホールド，足まわり部品などの自動車部品などに広く使用される。**図2.35**（a）に重力金型鋳造の鋳放しのままのAC2Aのミクロ組織を示す。初晶αAlデンドライト間隙に針状の共晶Si，網目状のθ相（Al_2Cu），塊状の$Al_7(Cu, Fe)_2Si$相が観察される。Al-Cu-Ni-Mg系合金は，高温強度，切削性，耐摩耗性に優れ，空冷シリンダーヘッド，航空機用エンジ部品などに使用される。

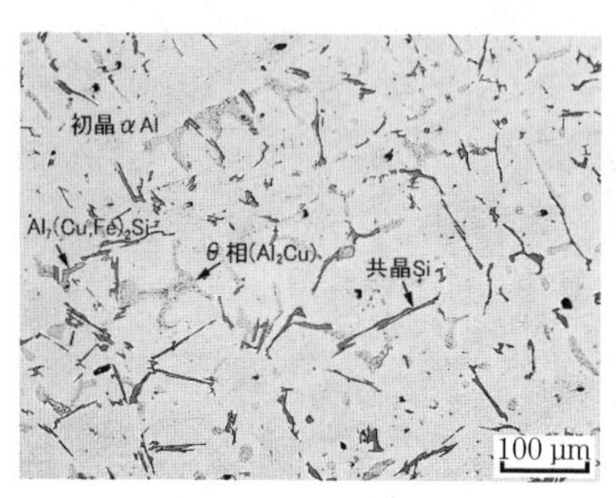

（a） AC2A重力金型鋳造品

（b） Sr改良処理AC4CH重力金型鋳造品

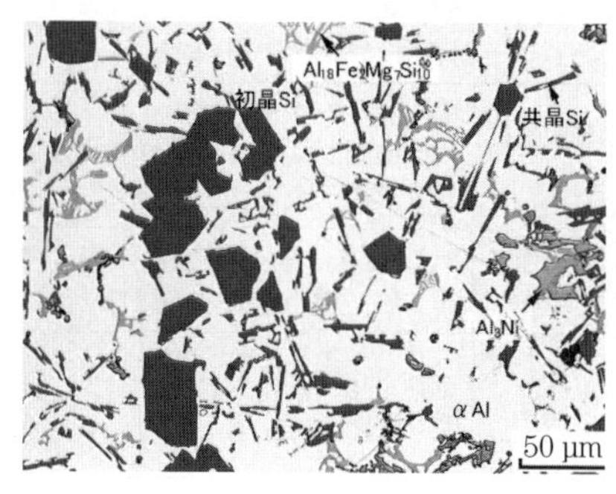

（c） AC9B重力金型鋳造品

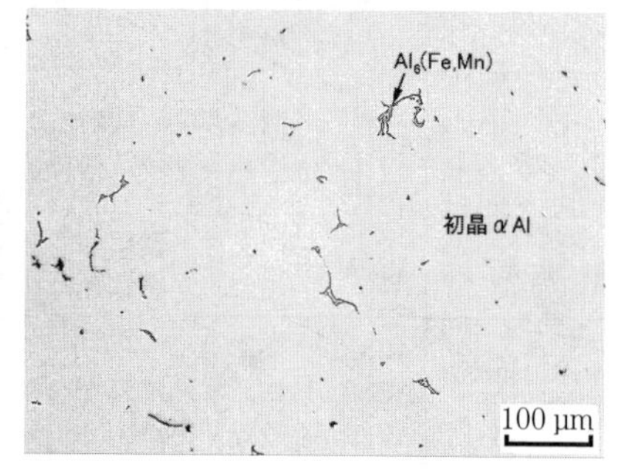

（d） AC7A重力金型鋳造品

図2.35　おもなアルミニウム合金鋳物のミクロ組織

〔**2**〕 **Al-Si系合金（鋳物用）**　　鋳物用のAl-Si系合金には，Al-Si系合金（AC3A），Al-Si-Mg系合金（AC4A, AC4C, AC4CH），Al-Si-Cu系合金（AC4B），Al-Si-Cu-Mg系合金（AC4D），Al-Si-Cu-Ni-Mg系合金（AC8C, AC8B, AC8C），Al-Si-Cu-Mg-N系合金（AC9A, AC9B）がある。Al-Si系合金は流動性が良く，耐食性，溶接性に優れるが，機械的特質，被削性に劣り，ケース類，カバー類

などの薄肉，複雑な形状の鋳物に使用される。Al-Si-Mg 系合金は鋳造性・機械的性質に優れた合金で，エンジン部品，車両部品，船舶用部品などに使用される。特に AC4CH 合金は，不純物の含有を厳しく規制し，自動車用タイヤホイールなど保安部品に使用される。図 2.35（b）にストロンチウム（Sr）で微細化処理した AC4CH 合金の重量金型鋳造の鋳放しのままのミクロ組織を示す。初晶 αAl デンドライト間隙に微細化した共晶 Si が存在している。Si は非常に脆性なため，ナトリウム（Na），Sr，アンチモン（Sb）などを添加して共晶 Si を微細化する。Al-Si-Cu 系合金は耐食性に劣るが鋳造性，機械的性質に優れ，自動車用，電気機器用，産業機械用部品など広い分野で利用されている。Al-Si-Cu-Mg 系合金は鋳造性，機械的性質に優れ，耐圧性が要求される部品に用いられる。Al-Si-Cu-Mg 系合金，Al-Si-Cu-Ni-Mg 系合金は，低膨張率であることからローエックス（Lo-Ex：low expansion coefficient）ともいわれ，熱膨張係数が小さく，耐摩耗性，耐熱性に優れることから，自動車エンジンのピストンに多く使用される。図 2.35（c）にリン（P）で初晶 Si を微細化処理した AC9B の重力金型鋳造の鋳放しのままのミクロ組織を示す。初晶 Si が粗大化すると，切削性を著しく阻害したり，延性・靭性を低下させたりするので，P を添加して微細化する。

〔**3**〕 **Al-Mg 系合金（鋳物用）**　鋳物用の Al-Mg 系合金（AC7A）は，ヒドロナリウム（hydronalium）ともいわれ，耐食性，特に耐海水性に優れる材料である。機械的性質，特に靭性に優れ，切削性も良好である。しかし，Si が添加されていないので，鋳造性は良くない。また，鋳造割れを発生しやすい欠点もある。船舶部品，食料用器具，化学用部品などに使用される。図 2.35（d）に，砂型鋳造した AC7A のミクロ組織を示す。初晶 αAl がほとんどを占め，一部に不純物である Fe，Mn 系の化合物 Al_6(Fe, Mn) が観察される。

2.3.2 アルミニウム合金ダイカストの種類，特性，用途 [11),12)]

アルミニウム合金ダイカスト（aluminum alloy die castings）は，製品規格として JIS H 5302：2006 に 20 種類が規定されている。ダイカスト用アルミニウム合金地金（aluminum alloy die ingots for die castings）は，JIS H 2118：2006に規定されている。**表2.6**に日本で使用されているおもなアルミニウム合金ダイカストの種類，特徴，用途例を示す。アルミニウム合金ダイカストは，Al-Si系合金とAl-Mg系合金に大別される。Al-Si系合金はさらにAl-Si系，Al-Si-Mg系，Al-Si-Cu系，Al-Si-Cu-Mg系に分類される。日本で現在使用されている合金は，Al-Si-Cu系合金であるADC12が約95％を占める[11]。

表2.6　日本で使用されているおもなアルミニウム合金ダイカスト

	JIS記号	特　徴	使　用　部　品　例
Al-Si系	ADC1	耐食性，鋳造性は良いが耐力はやや低い。	自動車メインフレーム，フロントパネル，屋根瓦
Al-Si-Mg系	ADC3	衝撃値と耐食性が良いが，鋳造性が良くない。	自動車ホイールキャップ，二輪車クランクケース，自転車ホイール，船外機プロペラ，など
Al-Mg系	ADC5	耐食性が最良で，伸び・衝撃値が高いが鋳造性が良くない。	農機具アーム，船外機プロペラ，釣具レバー，スプール（糸巻き）
	ADC6	耐食性はADC5に近く，鋳造性がADC5より優れるがAl-Si系に比べると劣る。	二輪車ハンドレバー，ウインカーホルダー，ウォーターポンプ，船外機プロペラ・ケース，など
Al-Si-Cu系	ADC10	機械的性質，被削性および鋳造性に優れる。	シリンダーブロック，トランスミッションケース，シリンダーヘッドカバー，農機具用ケース類，ハードディスクケース，電動工具，ミシンアーム，ガス器具，床板，エスカレーター部品，その他アルミニウム製品のほとんどすべてのものに用いられている
	ADC12	機械的性質，鋳造性に優れる。	
	ADC14	硬さが高く，耐摩耗性に優れるが伸び，衝撃値は低い。	カーエアコンシリンダーブロック，ハウジングクラッチ，シフトフォーク，など

〔**1**〕 **Al-Si系合金（ダイカスト用）**　ダイカスト用のAl-Si系合金にはADC1がある。ADC1は，Al-Si合金の共晶組成合金で，鋳造性，耐食性に優れるが，機械的性質に劣る。用途としては，自動車のメインフレームや屋根瓦などに用いられる。

〔**2**〕 **Al-Si-Mg系合金（ダイカスト用）**　ダイカスト用のAl-Si-Mg系合

金にはADC3がある。亜共晶Al-Si合金で，耐食性，機械的特性，特に延性，靭性に優れる。用途としては，自動車ホイールキャップや二輪車のクランクケースなどに用いられる。近年，この改良合金が自動車の重要保安部品やボディ部品に用いられている。

〔3〕 **Al-Mg系合金（ダイカスト用）**　ダイカスト用のAl-Mg系合金には，ADC5とADC6がある。ADC5は，ダイカスト用合金としては最も耐食性に優れており，特にAC7Aと同様に耐海水性に優れる。ただし，鋳造性に劣る欠点がある。ADC6は，ADC5に次ぐ耐食性を示すが，Siがわずかに添加されているので，ADC5に比べると鋳造性が良い。用途としては，船外機プロペラや農機具アームなどがある。**図2.36**（a）にADC6のミクロ組織を示す。初晶

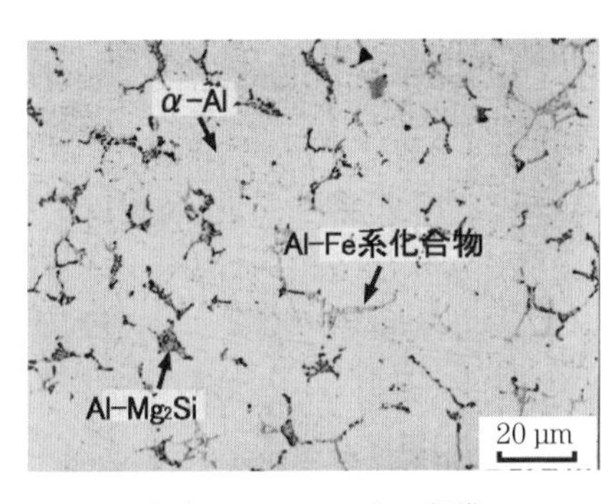

（a） ADC6のミクロ組織

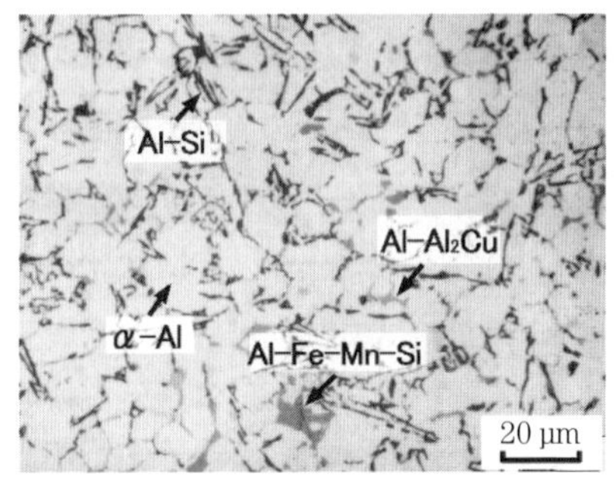

（b） ADC12のミクロ組織

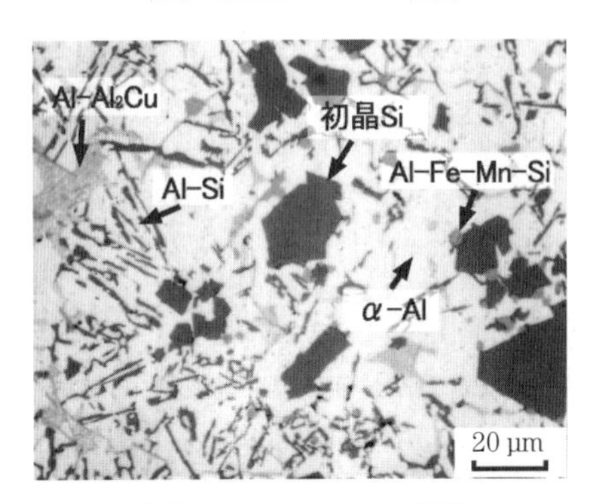

（c） ADC14のミクロ組織

図2.36　おもなアルミニウム合金ダイカストのミクロ組織

αAl デンドライトの間に，Al–Mg_2Si 共晶と Al–Fe 系金属間化合物が形成されている。

〔4〕 **Al-Si-Cu 系合金（ダイカスト用）**　ダイカスト用の Al–Si–Cu 系合金には，ADC10，ADC12 がある。ADC10 と ADC12 は，機械的性質，被削性および鋳造性に優れる。ADC10 に比較して ADC12 のほうが鋳造性に優れている。用途としては，自動車のシリンダーブロック，トランスミッションケースなどをはじめ，さまざまな部品に用いられる。図 2.36（b）に ADC12 のミクロ組織を示す。初晶 αAl デンドライトの間に，板状の共晶 Si，Al–Al_2Cu，塊状の Al–Fe–Mn–Si 系金属間化合物が形成されている。

〔5〕 **Al-Si-Cu-Mg 系合金（ダイカスト用）**　ダイカスト用の Al–Si–Cu–Mg 系合金には ADC14 がある。ADC14 は過共晶 Al–Si 合金で，アルミニウム合金ダイカストの中では最も硬さが高く，耐摩耗性に優れる。ただし，延性，靭性に劣る。用途としては，耐摩耗性を活かしてカーエアコンのシリンダーブロックやクラッチハウジングなどに用いられる。図 2.36（c）に ADC14 のミクロ組織を示す。αAl の間に塊状の初晶 Si，Al–Al_2Cu，Al–Fe–Mn–Si 系金属間化合物が形成されている。

2.4　鋳造シミュレーション

高品質な鋳造製品を歩留り良く生産するためには，鋳型の中で起きている現象を適切に理解・把握・制御する必要がある。しかし，鋳造プロセスは一般に高温な溶湯を不透明な鋳型内に充填するプロセスであるため，その観察や測定は困難である。

実機の観察・測定が困難な対象の挙動を把握するための方法としては，レイノルズ数が近いことから溶湯を水に置き換え，透明なアクリル製容器の中の流動挙動を観察するといった，いわゆるモデル実験も多く行われている。しかし，表面張力や凝固の影響など，溶融金属特有の現象を考慮できないなど，課題も多い。

一方で，近年ではコンピューターの急速な発展に伴い，机上に設置が可能なコンピューターでも利用可能な鋳造シミュレーションが広く浸透してきている。鋳造シミュレーションのおもな用途は，鋳造プロセス中に起きる物理現象の可視化であったり，なんらかの評価指標をコンピューター上で算出し，型や製品を実際に試作する回数を減らしつつ方案や鋳造条件の検討を行うことにより，時間的・資源的なコストを低減することである。

本節では，このようなツールとしての鋳造シミュレーションの概要，および事例について紹介する。

2.4.1 鋳造シミュレーションの種類

〔1〕 鋳造シミュレーションの特徴　コンピューター上で物理現象をシミュレーションし，生産などに援用するCAE（computer aided engineering）ソフトウェアは，ほかの多くの産業分野においても活用されている。そのなかで，鋳造プロセスをシミュレーションすることを目的としたCAEソフトウェア（以下，鋳造CAEソフトと表記）の特徴は，湯流れや伝熱といった複数の現象の相互作用を考慮する必要があること，また鋳造プロセスにはさまざまな種類があり，境界条件が複雑なことが挙げられる。

市販の鋳造CAEソフトは，ユーザーが求める情報を効率よく得られるように，注目する物理現象を絞りつつ，鋳造プロセスを想定した入力条件設定画面や解析結果の可視化を行うための機能を搭載したものが多い。

次項からは，鋳造プロセスを解析するために現在市販されている鋳造CAEソフトの一般的な構成や特徴的な機能を紹介する。

〔2〕 鋳造CAEソフトの一般的な構成　市販の鋳造CAEソフトの多くは，おもにプリプロセッサー＋ソルバー＋ポストプロセッサーという三つの機能で構成される。

プリプロセッサーは，CADから出力した鋳物や鋳型の形状データを，シミュレーションに適した形式（差分法や有限要素法のメッシュのような計算要素）に変換するために用いられる。また鋳物や鋳型の材質，注湯温度や速度といった，解析に必要な物性値や境界条件の設定も，このプリプロセッサーにて行う。

ソルバーはプリプロセッサーで設定した解析条件を受け取り，湯流れや伝熱・凝固といった物理現象をシミュレーションするための計算を行う。おもな分類としては差分法，有限要素法や粒子法が挙げられ，鋳造 CAE ソフトの解析性能・特性を大きく特徴付けるのが，このソルバーである。

ポストプロセッサーは，おもにソルバーの出力である解析結果を可視化するための機能である。ソルバーから直接出力されるデータは数値の羅列であるため，人間が解釈しやすいように可視化を行う必要がある。ポストプロセッサーには，温度や圧力といったソルバーが扱う方程式の変数を直接的に可視化する機能のほか，それらを何らかの演算式に当てはめるといった加工を行うことで，ひけ巣や湯境のように鋳造プロセスに特有の現象を，より直接的に評価するための指標を作成する機能を搭載している場合もある。

〔3〕 鋳造 CAE ソフトの特徴的な機能

（a） 鋳造プロセスに特化したインターフェース　　鋳造法では，重力鋳造，ダイカスト，精密鋳造などさまざまなプロセスが実用化されている。市販の鋳造 CAE ソフトは，これらのプロセスに特化した GUI（graphical user interface）を搭載しており，直感的な操作で効率的な解析が可能となっている。

図 2.37 に，市販の鋳造 CAE ソフト ADSTEFAN† における，ダイカストの

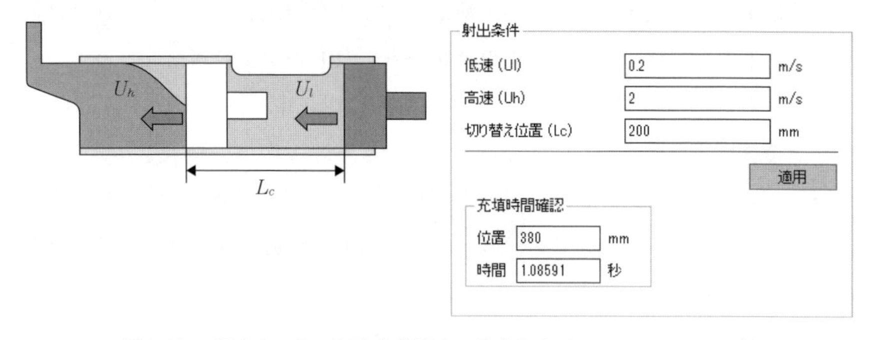

図 2.37　ダイカストの射出条件設定に特化したインターフェースの例

† ADSTEFAN は株式会社日立産業制御ソリューションズの登録商標である。

射出条件設定に特化したインターフェースの例を挙げる。スリーブ形状や射出条件を入力することで，ビスケット部における流速変化を簡易的にモデル化した上で境界条件を自動的に設定することができる。これにより，スリーブの計算要素化を省略し，高効率な解析を実現する機能である。

このほかにも，実機から取得したプランジャー位置や圧力波形を取り込んだり，低圧鋳造において加圧に対する湯面上昇をモデル化することで，ストークの計算要素化を省略する機能など，市販の鋳造CAEソフトにはさまざまな鋳造プロセスに特化したGUIが搭載されている。

（**b**）**ユーティリティ機能**　市販の鋳造CAEソフトには，2.4.1項〔2〕に挙げた主機能を補助するためのユーティリティ機能が多く搭載されている。例を挙げると，方案や鋳造条件を最適化するためのCAO（computer aided optimization）機能[16]，ダイカストの捨て打ち時の周期的な熱収支をモデル化し，高速に定常時の温度分布を見積もるCSM（Cyclic Steady heat balance Method）機能[17]，外部の汎用ソフト（有限要素法による構造解析など）との連携機能などが挙げられる。

2.4.2　鋳造シミュレーションの事例

昨今のインターネットの発展により，鋳造シミュレーションをはじめとするさまざまな解析事例を容易に参照できるようになってきた。例えばYouTube[19]のような動画配信サイトにも，鋳造CAEソフトの事例が多数掲載されている。本項では，現在実用に向けて研究開発が進められている手法など，比較的新しい鋳造シミュレーション事例を紹介する。

〔**1**〕**湯流れ・凝固連成解析例**　**図2.38**に，粒子法による湯流れ・凝固連成解析例[20]を示す。差分法や有限要素法といった，現在市販ソフトに搭載されている手法はオイラー系解析手法に属し，多相が変形・変態する現象は扱うことが困難である。粒子法では流動・凝固収縮による外気の移動も直接扱うことで，複雑な形状のひけ巣形成挙動の解析を実現した。

〔**2**〕**遠心鋳造解析例**　**図2.39**（口絵1）に，粒子法による遠心鋳造時

（a） 実験結果　　（b） 粒子法による解析結果

図 2.38 空冷を考慮したひけ巣解析 [20)]

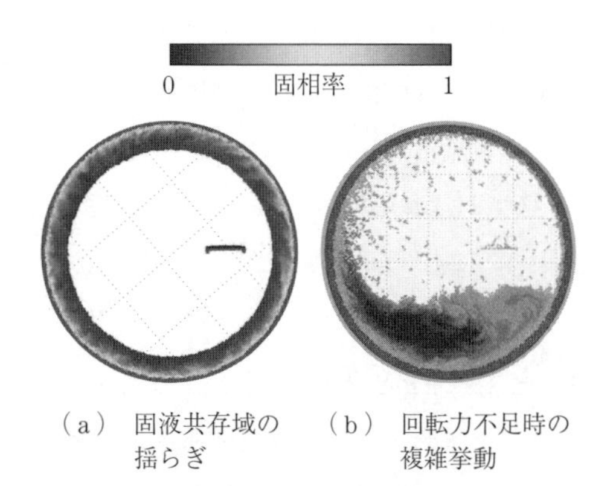

（a） 固液共存域の揺らぎ　　（b） 回転力不足時の複雑挙動

図 2.39 遠心鋳造時の流動・凝固解析結果 [21)]〔口絵 1〕

の流動・凝固解析結果 [21)] を示す。遠心鋳造は鋳型自体が回転し，凝固殻の成長とともに遠心力が変化するため，シミュレーションの対象としてはきわめて複雑なプロセスである。粒子法は状態変化しつつ移動する物体を扱うことに適しているため，遠心鋳造プロセス中の詳細かつ複雑な挙動の再現を実現できた。

〔3〕 機 械 学 習　　**図 2.40** に，ADSTEFAN の機械学習機能を使用して欠陥評価指標を自動生成した例を示す。従来の鋳造シミュレーションでは，予測対象とする現象（欠陥など）に影響すると思われる因子をあらかじめ選択

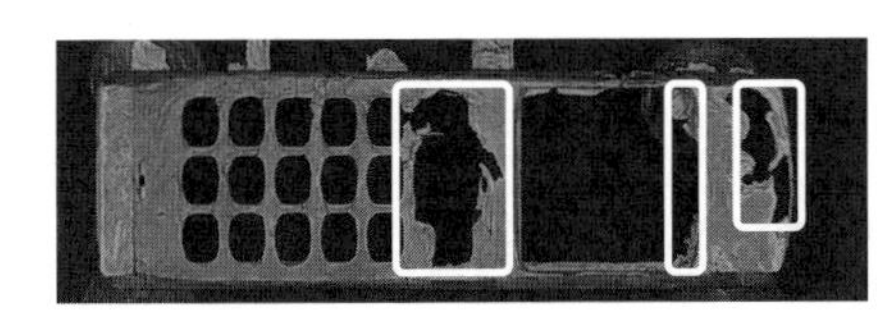

（a） 実際の湯回り不良位置

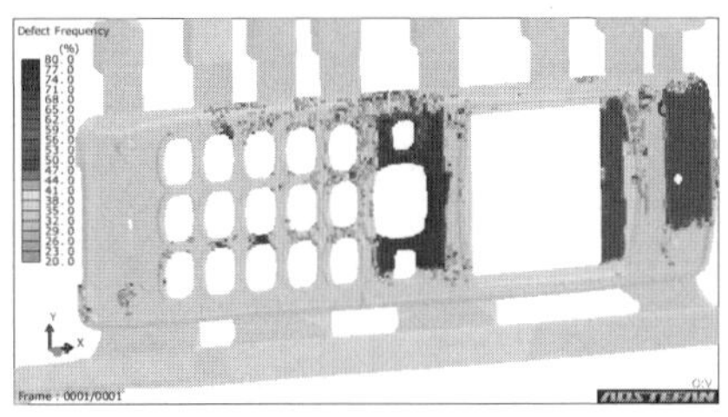

（b） 機械学習後の解析による湯回り不良の評価指標出力

図 2.40 機械学習による評価指標の合わせ込み例

し，理論的に評価指標を作成していた。ここで示した手法は，鋳造 CAE が出力可能な一般的なデータ（流速や温度，圧力など）から「答え」として学習した対象に影響する因子を自動的に探索し，評価指標を作成する機能を提供する。これにより高度な「合わせ込み†」を自動化した。

† シミュレーション結果と実測データを一致させるためにパラメーターや条件を調整する工程のこと。

3. アルミニウムの圧延・板成形

3.1 アルミニウム板製造技術の基礎

アルミニウムおよびアルミニウム合金の板製品の製造技術を概説する。現在の日本では原料（アルミニウム地金）をオーストラリア，アラブ首長国連邦，ロシアなどの海外から輸入し，その地金を溶解炉で溶かす。溶解炉には炉の横から原料を投入するサイドチャージ式と屋根部から原料を投入するトップチャージ式がある。溶解炉では，原料を溶かした後，各種合金に合わせさまざまな元素を添加する。合金によっては中間合金などを投入している。合金化した溶けたアルミニウム（溶湯）は保持炉へと送られる。保持炉では，成分の最終チェック，脱ガス，介在物の除去，鋳造時に必要な温度の調整などが行われる。保持炉で品質を整えた溶湯は，つぎに鋳造工程へと進む。

アルミニウム合金の溶湯を所定の形状に固める工程が鋳造工程である。アルミニウム合金板の鋳造法は，縦型の半連続鋳造法（DC（direct chill）鋳造法）が主流となっている。**図3.1**にDC鋳造法の模式図を示す。アルミニウム合金の溶湯は保持炉から樋を伝わり，注湯ノズルを通して鋳型へと送られる。鋳型内に送られた溶湯は，鋳型の内壁およびボトムブロックからの冷却により凝固が開始し，凝固の進行とともにボトムロックが降下する。ボトムロックの降下とともに鋳型下部から冷却水が排出され凝固が進行し，鋳塊（スラブ）と呼ばれる大型直方体形状の鋳物が製造される。得られたスラブは，製造中に鋳型と凝固したアルミニウム合金の間にできる隙間（エアギャップ）などの影響を受

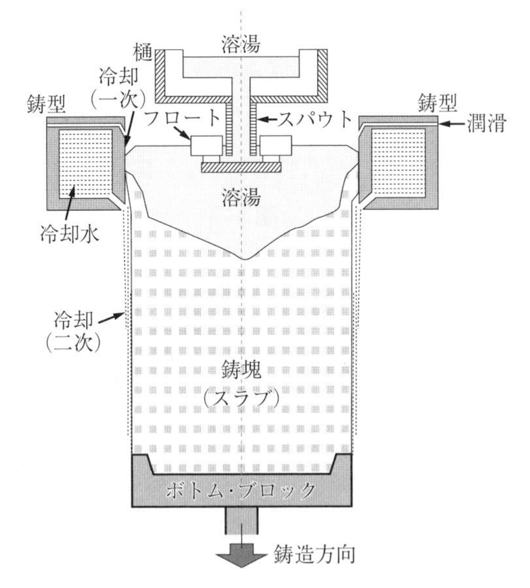

図 3.1　DC 鋳造法の模式図

け，表面に凹凸ができてしまう。そのため，スラブはその後，面削工程へと進む。面削の目的は，表面の凹凸を除去することと，表面被膜の下にある添加元素あるいは不純物元素の偏析を除去するなどである。面削を行ったスラブには，均質化処理という熱処理が行われる。

スラブの内部組織には，添加元素などが不均一のまま凝固している。よって，スラブ内の偏析や過飽和になった成分を拡散させて内部組織を均一にすること，さらに晶・析出物のサイズや密度を制御し最終板製品の結晶粒のサイズをコントロールするために均質化処理という熱処理を行う。アルミニウム合金板の均質化処理は合金により異なるが 450 ～ 560 ℃程度の高温で行い，高温に加熱されたスラブは 400 ℃以上の高温のまま圧延工程へと進む。これが熱間圧延である。熱間圧延は，まず粗圧延機により厚さ 200 ～ 600 mm のスラブを 20 ～ 60 mm 程度まで圧延する。その後，仕上げ圧延により 2 ～ 12 mm の厚さまで圧延を行う。

熱間圧延されたアルミニウム合金は，厚い板の状態で船舶，航空機，鉄道車両などの製品になるものもあるが，熱間圧延後，常温に放置したのち圧延を行う。つまり，冷間圧延を施し，所定の板厚としたのちアルミニウム合金板の製品となるものが多い。冷間圧延後製品に要求される材料特性に応じた材料の性質を調整する処理（調質）を行い，さまざまな工業製品となる。アルミニウム合金板の代表的な製造工程の模式図を**図 3.2** に示す [1)〜6)]。

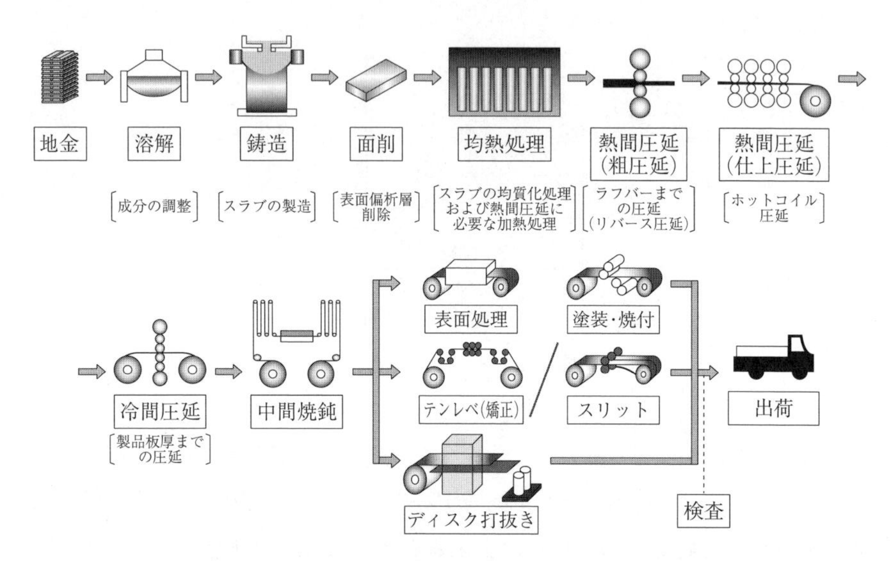

図 3.2　アルミニウム合金板の代表的な製造工程の模式図

3.1.1 アルミニウム板製造技術（上工程：均質化処理から熱間圧延まで）

〔**1**〕 **均質化処理**　　溶解・鋳造により製造したスラブは，面削工程を経て均質化処理という熱処理が行われる。均質化処理は，アルミニウム合金の材質を制御するためにきわめて重要な工程であり，板などの展伸材を製造するために必ず通さなければならない。均質化処理を行う目的は，① 鋳塊（スラブ）の組織を均一な状態にする，② 晶出物や析出物を適切なサイズと分布状態を制御するなどである。**図 3.3** に，7000 系（Al-Zn-Mg 系）合金のスラブの均質化処理前後の電子顕微鏡による組織観察を行った結果を示す [3),7)]。均質化処理前の組織では，添加元素（Zn）が偏析している。一方，均質化処理（510 ℃

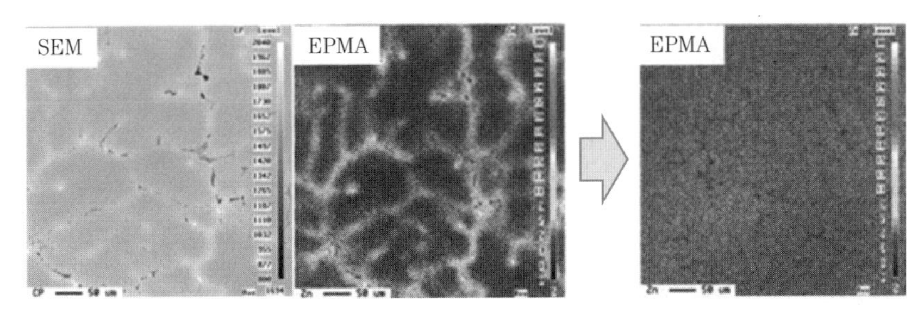

（a） 均質化処理前の二次電子像　（b） 均質化処理前の Zn 元素分析結果　（c） 均質化処理後（510 ℃ ×1 h）の Zn 元素分析結果

図 3.3 7000 系（Al-Zn-Mg 系）合金の鋳塊（スラブ）の電子顕微鏡による組織観察結果（二次電子像による組織観察と EPMA による Zn 元素分析結果）[4),5)]

×1 h）を施すことで成分濃度が均等化され，添加元素（Zn）が材料全体に均一分散されている。

図 3.4 に，6000 系（Al-Mg-Si 系）合金のスラブの金属間化合物の分布ならびに最終板製品の結晶粒径に及ぼす均質化処理温度の影響を示す[3),7)]。高温（550 ℃）で均質化処理を行った場合は，Mg-Si 系化合物（黒）はほとんど認められないが，低温（450 ℃）の場合は，高温より多く析出している。Al-Fe-

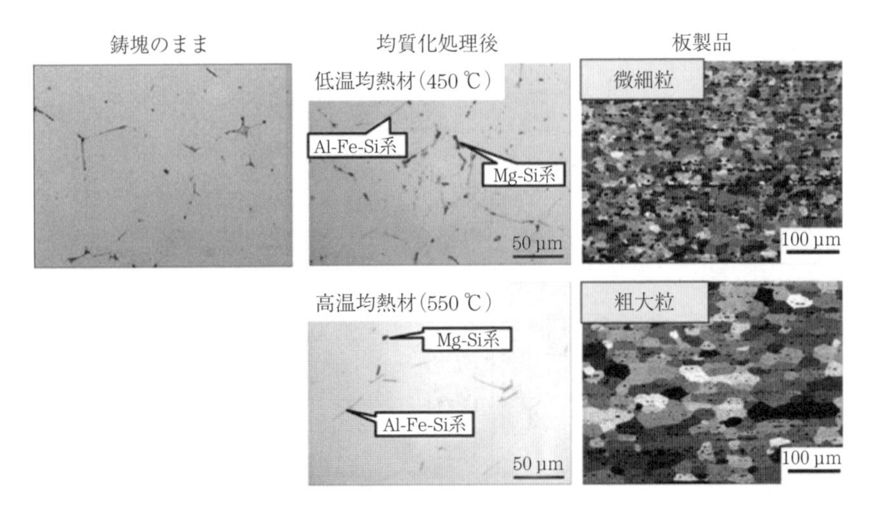

図 3.4 6000 系（Al-Mg-Si 系）合金の析出物および結晶粒径に及ぼす均質化処理条件の影響（光学顕微鏡による観察結果）[4),5)]

Si 系の金属間化合物（灰色）は高温，低温ともに認められるが，温度によりサイズの分布（密度）に差がある。この金属間化合物のサイズと分布状態が最終製品の材料特性や結晶粒径に影響を与え，結晶粒径は高温時では粗大，低温時は微細になっている。よって，最終的な板製品に要求される材料特性や結晶粒径のための組織制御は，均質化処理の条件である程度は決めることができると考えてよい[3),7)]。

〔**2**〕 **熱間圧延**[4),8)]　圧延とは，アルミニウムのスラブなどの固体を回転するロールにより連続的に厚さ方向に対して加工（塑性変形）を加え，厚さを徐々に薄くして塊から板にしていく製造方法である。アルミニウム板などの金属製品は，熱間圧延による熱間変形を受けて製品になる。熱間圧延には熱間粗圧延と熱間仕上げ圧延とがあり，大型スラブ（200 ～ 600 mm）が粗圧延により 20 ～ 60 mm の板厚になり，その後，仕上げ圧延で 2 ～ 12 mm 程度の厚さにまで加工される。熱間粗圧延は，均質化処理で高温に熱処理されたスラブを高温のまま圧延する工程である。熱間圧延は，金属の強度が高くない状態で加工（圧延）することであり，金属は一定温度以上の熱エネルギーがあると硬化することがないので，スラブをその温度まで加熱し圧延を行う。この加熱温度は金属により異なり，アルミニウムおよびアルミニウム合金の場合は，300 ～ 600 ℃程度で行われている。スラブは，熱間圧延により，まず熱間変形を受ける。そのときのひずみ速度は，工業製品の場合は 10^0 ～ 10^2/s と非常に速い速度で加工される。また圧延を行うことで，結晶粒が伸長し，さらに鋳造組

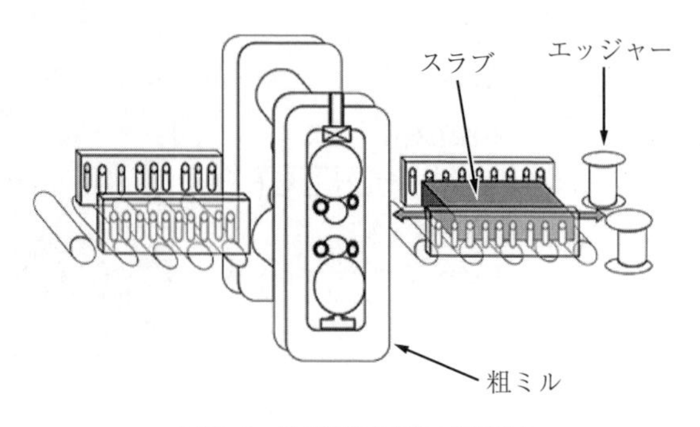

図 3.5　熱間粗圧延機の概略図

織中の晶出物は細かく破壊されて均一な組織となる。均一化された組織は，全体的に方向性を生じ圧延組織となる。**図3.5**に熱間粗圧延機の概略図を示す。大型スラブは粗圧延のロール（粗ミル）を通過し，大きなひずみを付与される。この粗ミルをリバース式に往復させながら10～数十パス通過させる。

粗圧延を通過し，所定の板厚となったアルミニウム合金板は，その後，熱間仕上げ圧延工程へと進む。仕上げ圧延には，いくつかのロールを連続的に通過させるタンデム式と一つの圧延機の間を往復させるリバース式がある。熱間仕上げ圧延工程を通過して，数mmの板厚となった製品はコイル化される。これをホットコイルと呼ぶ。4タンデム式の連続熱間仕上げ圧延機の概略図を**図3.6**に示す。

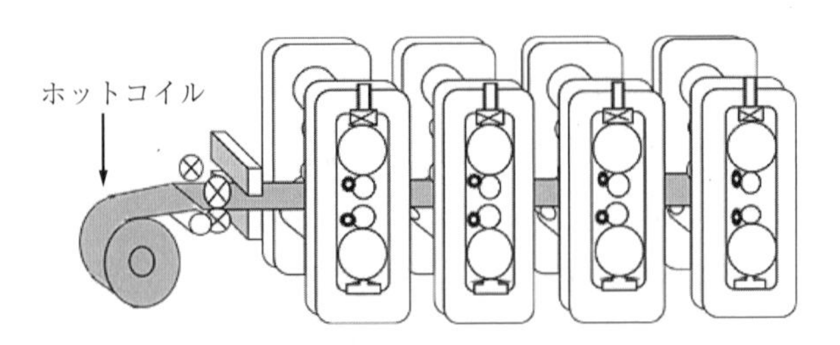

図3.6　熱間仕上げ圧延機（4タンデム式）の概略図

圧延加工では板厚精度が非常に重要となる。板厚は，長さ方向と幅方向のそれぞれが調整される。熱間圧延では，幅方向の板厚（クラウン）の制御が重要となる。工業製品を製造する熱間圧延機のロール幅は粗圧延機で約4m，仕上げ圧延機で約3mある。そのロール内でアルミニウム合金板を瞬時に加工して均一の厚さに仕上げている。高温のアルミニウム合金スラブは非常に柔らかく，加工しやすくなっているものの，ロールを通過する際の反発力は非常に大きい。そのため，**図3.7**に示すように素材に塑性変形を与えているロールはたわみを生じ，板の断面は四角形にならない。これがクラウンと呼ばれる熱間圧延時に生じる課題である。そのたわみを修正するため，素材の反発力を軽減したり，ロールに力を加えてたわみをキャンセルして圧延をしている。アルミニウム合金板のクラウンは板厚が厚いときでないと修正が難しいので，熱間圧

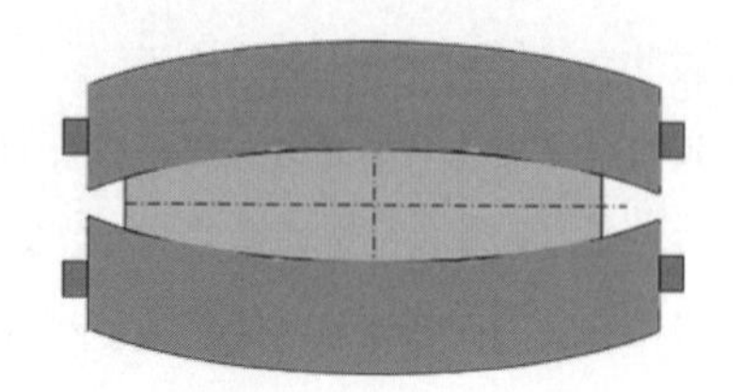

図 3.7　圧延ロールのたわみ（クラウン）

延時のクラウン制御が重要な技術となる。

3.1.2　アルミニウム板製造技術（下工程：冷間圧延から最終熱処理，板製品になるまで）

〔**1**〕 **冷 間 圧 延**[8)～12)]　　冷間圧延とは，金属の再結晶温度以下でロール圧下により塑性加工を行うことである。一般的には常温で行う圧延ではあるが，圧延を行っているうちに摩擦や加工発熱によって素材の温度は上昇し，アルミニウム合金では 100 ℃程度になる場合がある。そのような場合のため，冷却機能も兼ねた潤滑油が重要となるが，潤滑油の目的や役割については後半で詳細に説明する。冷間圧延は，板製品の最終仕上げを行うための圧延工程である。よって，さまざまな種類のアルミニウム合金板に対し，要求させる材料特性や組織を得るため，圧延による塑性変形を加えて板強度の増加や，美しい良好な表面が得られるようにするなどを行っている。よって，冷間圧延では，板製品の品質確保を目的として精密な制御が行われている。また，冷間圧延では，長さ方向の板厚および形状（ひずみ）を制御しており，圧延の制御技術には，きわめて高度で精密な技術が使われている。

材料が圧延されるとき，材料にかかる荷重に比例して，ロールに押し返す力がかかる。この力によって圧延機の枠組みであるハウジングが伸び，またロールが偏平して長さ方向の板厚に影響が出る。例えば，板厚 1 mm のアルミニウム合金板を製造するため，圧延機の上下ロール間のすき間（ロールギャップ）を 1 mm に設定するとロールの偏平やハウジングののびが影響し 1 mm よりも厚い板になったり，また，製品板厚と同じサイズ（板厚）のロールギャップに設定して圧延を行うと，入側の厚みや硬さの変動を受けて目的とした製品板厚と違うものができる場合がある。

また，圧延時の圧下荷重は，圧延速度によっても変化する。圧延速度が速ければ荷重は下がり，遅くなると荷重は上がる。そのため，圧延工程において圧延初期では材料をゆっくりとした速度で行い，やがて高速化し，圧延終盤の際は再び速度を遅くする。

しかしながら，速度制御だけでは板の両先端と中央で荷重が変化するため板厚に差が生じる。板厚を一定に保つためにオートマチックゲージコントロール（AGC）により制御を行っている。圧延中の荷重変化をセンサーがキャッチし，それに合わせてロールギャップを変化させ圧延機に入れる材料の板厚や硬さが変わっても，最終製品の板厚を安定して製造するための AGC（ビスラー式）が設置され，また，圧延機の出側に設置された X 線などにより板厚を測定し，そのデータをロールギャップにフィードバックして板厚の絶対値を安定させる制御も行っている。さらに，材料が圧延機に入る直前の板厚の変動を入側の X 線によりあらかじめ測定し，その変動した板厚を考慮してロールギャップのコントロールを行うことで精度の高い板製品を得ることができる。

このようにさまざまな AGC によって制御された板製品は，十数 km にも及ぶコイル長さで長手方向の板厚誤差が ± 数 μm の範囲内で保証されている。

冷間圧延では微妙な板のひずみが生じる。これは，前述のとおり冷間圧延とはいっても圧延時の摩擦や加工発熱により材料が 100 ℃程度まで上昇し，これにより圧延ロールの熱膨張が材料の形状に複雑に影響するためである。**図 3.8** に冷間圧延機およびセンサー位置の概略図を示す。

板のひずみを制御するためには，まず内在しているひずみを発見する必要がある。そのために冷間圧延機にはデフレクターロール内部に荷重センサーを埋め込んだシェープメーターロール（**図 3.9**）がある。デフレクターロールは，本来圧延された板を巻き取る前に，角度を変化させながらコイルアップしやすくするために設定されている。また，圧延機の出側のひずみをキャッチするのに適切な場所にあることから，シェープメーターの目的も兼ねたロールとして

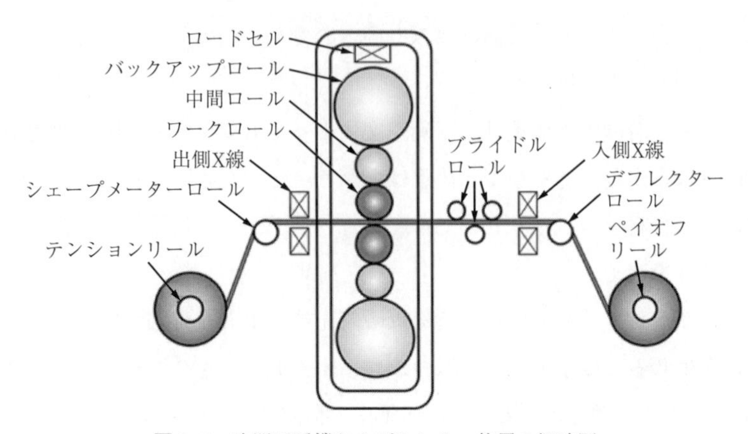

図3.8　冷間圧延機およびセンサー位置の概略図

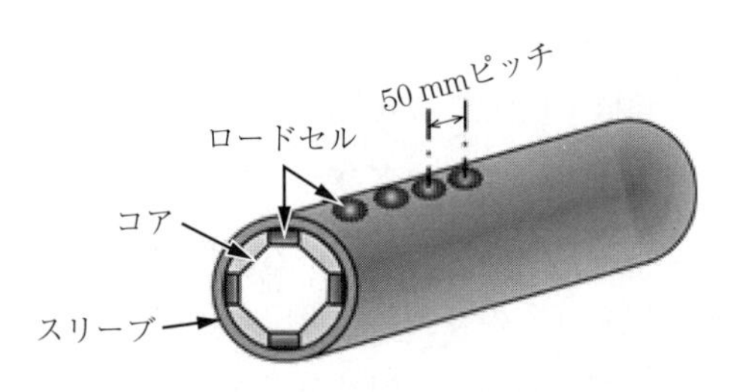

図3.9　シェープメーターロールの仕組み

使用している。

アルミニウム合金の冷間圧延では，一般に潤滑と冷却のために潤滑油（クーラント）が使用されている。潤滑油には，一般的に鉱物油が使用されているが，最近では，高圧下でより高レベルのひずみ制御を可能にするため，環境に配慮した水をベースとした水溶性の潤滑油も開発されている。デフレクターロールで検出した結果から適正な潤滑油の量が算出されて，ワークロールへとスプレーするよう制御している。また，潤滑油は圧延時の焼き付きを防ぎ，最終板製品の表面品質を確保する役割もある。

〔2〕 熱 処 理[1)～3), 13)]　熱処理は，アルミニウム合金板の最終製品の要求特性に応じて，材料特性や結晶組織を制御するために，アルミニウム合金に熱を加える工程である。アルミニウム合金は，大別すると非熱処理合金

（1000系，3000系，4000系，5000系合金）と熱処理合金（2000系，6000系，7000系合金）がある。非熱処理合金は，熱処理を施しても強度や延性の向上がほとんどない。一方，熱処理合金は，溶体化・焼入れ処理を行い，時効処理を施すことで強度を著しく向上させることができる。

非熱処理型合金で適用される熱処理には，焼きなまし処理（annealing treatment）がある。これは，熱間あるいは冷間圧延により付与された塑性ひずみにより，強度が高く，結晶組織が加工組織となった板を，その合金がもつ最も柔らかい状態にするための処理である。このときの材料特性は，アルミニウム合金板の強度が最も低く，伸びが高い状態で，結晶粒は再結晶組織となっている。焼きなまし処理では，大きなコイルのままあるいは製品サイズに切断された板を大きな炉に挿入し，合金にもよるが350～450℃程度の温度で数時間かけて処理される。また，コイルを均一に処理するため，連続焼鈍炉を用いて焼きなまし処理を行う場合もある[3)]。

一方，熱処理合金は，前述したように溶体化・焼入れ処理を行い，その後，人工あるいは自然時効処理により，強度を向上させることができる。2000系，6000系，7000系に代表される熱処理合金は，2000系はCu，6000系はMgとSi，7000系はZnとMgという元素がアルミニウム中に添加されている。これらの添加元素は，化合物を形成し，時効処理により析出物へと形状を変えて強度に寄与する。その際に重要になる熱処理が溶体化・焼入れ処理となる。溶体化・焼入れ処理とは，冷間圧延を施したアルミニウム合金板を急速加熱，急速冷却することで合金中の元素をアルミニウム中に溶け込ませ，過飽和固溶体を作ることである。

溶体化処理（solution heat treatment）は，溶質原子を拡散させて均一な濃度分布にするために行う処理である。つまり，固溶体の状態を作ることを目的に行う処理で，そのために，合金によって温度と時間の処理条件の適正化が重要となる。その適正条件は，添加した溶質原子の量によって変わってくる。温度条件は，アルミニウム合金の平衡状態図から，固相線より若干低い温度（α領域内）で行うことが一般的である。溶体化処理温度が低い場合は，溶体化が不十分なため固溶体が得られず，最終板製品において十分な強度が得られず，強度不足の原因となる。代表的な熱処理型アルミニウム合金の溶体化処理条件と溶融温度範囲（例）を**表3.1**に示す[10]。

表3.1　代表的な熱処理型アルミニウム合金の溶体化処理温度[10]

合　金	溶体化処理温度〔℃〕	溶融温度範囲〔℃〕
2011	525	535 ～ 641
2014	500	507 ～ 638
2017	500	513 ～ 641
2024	495	502 ～ 638
2219	535	543 ～ 643
6N01	530	615 ～ 652
6061	530	582 ～ 652
6063	520	616 ～ 654
6262	540	582 ～ 652
7003	450	615 ～ 650
7N01	450	604 ～ 643
7050	475	488 ～ 635
7075	480	532 ～ 635
7475	515	538 ～ 635

焼入れ処理（quenching treatment）とは，溶体化処理によって得られた固溶体状態のアルミニウム合金を室温以下の温度まで冷却（急速冷却）し凍結させ，過飽和固溶体（super saturated solid solution）を作るための処理である。一般に焼入れは，常温以下の水や氷水などに急速冷却することによって得ることができる。合金によっては，空冷（強制空冷）でも可能である。アルミニウム板製品の強度を得るためには，冷却時の冷却速度が非常に重要となる。冷却速度の条件は，合金によって異なり冷却速度が遅いと過飽和固溶体が得られず，高い強度を得ることができない場合がある。

例えば，超々ジュラルミンとして知られているA7075合金は，急速冷却をしなければ高強度を得ることができない。ただし，急速冷却は，その速度の速さから板にひずみを生じ，焼入れひずみと呼ばれる変形が見られる場合がある。したがって，焼入れ処理は，合金ごとにもつ焼入れ感受性を考慮して，板製品に要求される材料特性を十分に満足するための適正な方法で処理を行う必要がある。

溶体化・焼入れ処理は，自動車パネル用に実用化されている板厚 1.0 mm 程度の 6000 系合金の場合，連続焼鈍炉を用いて行われている。**図 3.10** に連続焼鈍炉の概略図を示す。連続焼鈍炉は，一般的に加熱帯と冷却帯があり，加熱帯で溶体化処理を行い，その後ただちに冷却帯に進み冷却され，過飽和固溶体とすることができる。連続焼鈍炉は一般的に横型が多く用いられており，加熱処理される加熱帯の長さや冷却帯の空冷あるいは水冷などの処理能力が重要となる。連続焼鈍炉の場合，板の通板する速度条件も重要で，アルミニウム合金板が加熱帯に入り保持される時間と加熱帯から出て，冷却帯に入り冷却される時間を考慮し，条件を設定しなければならない。

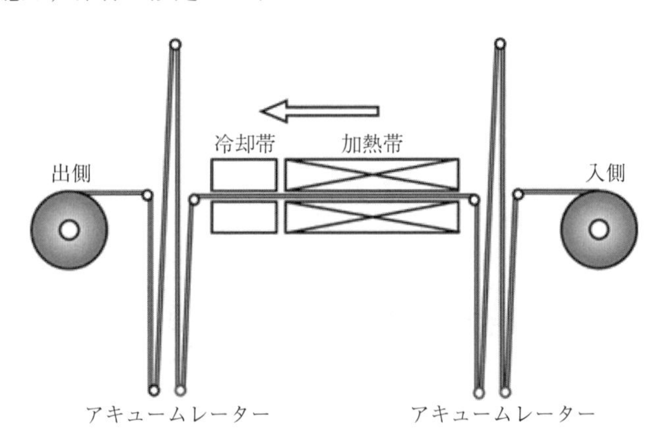

図 3.10　連続焼鈍炉の概略図

溶体化・焼入れ処理により得られた過飽和固溶体は，その後，時効処理（aging treatment）を施すことで，溶質原子が集合してクラスター，ゾーンを形成し，時効時間の経過とともに強度に寄与する時効析出物へと変化することで，強度（硬さ）が向上する。この時効処理は，これまでの熱処理と同様に温度と時間の処理条件が重要となる。時効処理は，室温の状態で放置することにより強度が増加する自然時効と，人工的に所定の温度と時間を設定して処理し，強度を増加させる人工時効処理がある。自然時効（室温時効）は，おもに2000系（Al-Cu系）合金に適用される。この合金は，室温に約1週間程度処理することでほぼピーク強度（最も高い強度）に到達し安定する。一方，6000系（Al-Mg-Si系）合金や7000系（Al-Zn-Mg系）合金は，自然時効（室温時効）では強度は緩やかに向上するだけで数年をかけて変化し続ける。そのため，これらの合金は人工的に適正な温度と時間をかけて時効処理が行われる。

〔3〕 **仕上げ工程（精整工程）**　冷間圧延を行い，熱処理などの所定の工程で製造し要求特性を満足した材料は，その後，板製品としてユーザーに納品するための仕上げ工程（精整工程）へと進む。仕上げ工程は，圧延や熱処理を施した材料の平坦度を矯正し，板製品としての精度を向上させるための矯正を行う。矯正の方法には，大型のチャック間にアルミニウム板をかませ引張矯正を行うストレッチャー式（**図3.11**）と上下に配置されたロールの間に板を通過するときの曲げ力を利用して矯正するローラーレベラー式，さらに，いくつものロール間に張力をかけながら曲げ力も付与し連続的にアルミニウム板を通過させることで矯正するテンションレベラー式（**図3.12**）などがある。また，圧延時に使用した潤滑油などを除去するための脱脂，塗装下地処理，表面処理

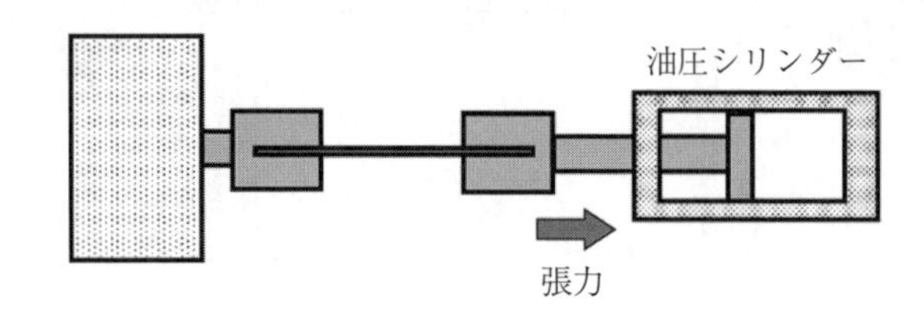

図3.11　板矯正装置・ストレッチャー概略図

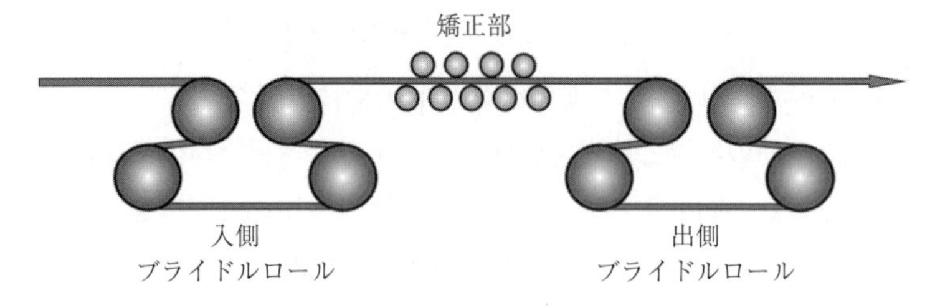

図3.12　板矯正装置・テンションレベラー概略図

等を行うための工程を通す場合もある[8)]。さらに，コイルをユーザーの要求に合わせ幅方向を連続的に製品寸法に切断するスリッターなどを通り，最終製品に整える作業を行う。完成した製品は，要求通りの材料特性，表面状態，製品寸法などの最終確認を行い，仕様にあった製品に梱包しその後出荷される[4)]。

【演習問題 3.1】

熱処理型アルミニウム合金 A6061 のスラブを 2 本用意し，均質化処理の温度を高温 550 ℃，低温 450 ℃の 2 条件で行い，その後，熱間圧延を 5 mm で終えた 2 種のホットコイルを両方ともに 1 mm の板厚まで冷間圧延を行い，最終熱処理として溶体化・焼入れから人工時効処理により調質 T6 として製品化した。二つの製品の結晶組織（晶出・析出物および結晶粒径）および強度は高温均質化と低温均質化でどのように違うかを述べよ。

3.2 アルミニウム合金板の成形加工

アルミニウム合金板などの金属板は，外から応力を加えることにより変形させることができる。金属製品は，金属板にプレスや曲げ加工などにより，変形させて製品化しているものがある。板を変形させるには応力を付加する必要があるが，応力付加が初期の小さい領域では，その応力を除荷すると変形は消えて元に戻ってしまう。この領域を弾性変形という。さらに応力を加え変形が元に戻らなくなった限界を弾性限界といい，弾性限界を超えて応力を取り除いても永久に変形が残っている。この状態を塑性変形という。金属板がある一定の形状を保っている場合は，この永久変形，つまり，塑性変形を受けて製品となっていると考えてよい。

アルミニウム合金板などの金属板の変形を評価する方法として，単軸引張試験が一般的に用いられている。単軸引張試験は，材料の長手方向に応力を徐々に付加させながら変形させ，その長さ（ひずみ）の変化を測定し，応力とひずみの関係を示す曲線を得ることで材料の特性を評価する試験方法である。このときに得られる曲線を応力-ひずみ曲線という。なお，単軸引張試験方法は，試験片形状も含めJISで規格化されており，「JIS Z 2201 金属材料引張試験片」および「JIS Z 2241 金属材料引張試験方法」で規定されている。

3.2.1 応力-ひずみ曲線[14)]

引張試験片の初期断面積A(板幅W×板厚T)，評点間距離Lの金属板に引張応力を長手方向に付加して変形させ，引張試験力Fに到達したときにそれぞれの寸法がw，t，lへと変形したとする（**図3.13**）。このときの公称応力σ_Nと公称ひずみε_Nは式（3.1）で定義される。

$$\sigma_N = \frac{F}{A} = \frac{F}{W \times T}, \qquad \varepsilon_N = \frac{l-L}{L} \tag{3.1}$$

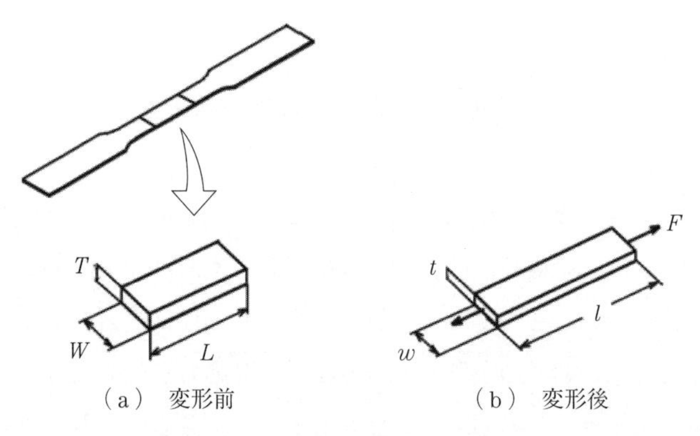

図3.13　金属薄板の単軸引張試験

各種金属材料の公称応力-公称ひずみ曲線の測定例を**図3.14**（a）に，0.5％以下の小さいひずみ範囲における公称応力-公称ひずみ曲線を拡大した図を図（b）に示す。

試験力（外力）を徐々に負荷して引張試験を行うとき，初期の応力（もしくはひずみ）が点Aに到達するまでは，応力とひずみの間には比例関係が成り立ち，応力を0に戻せばひずみも0に戻る。このように，外力を0にすると元の形に戻る性質を「弾性」という。弾性域において測定される応力-ひずみ曲線の傾きEを「ヤング率」もしくは縦弾性係数と呼ぶ。さらに，試験力を

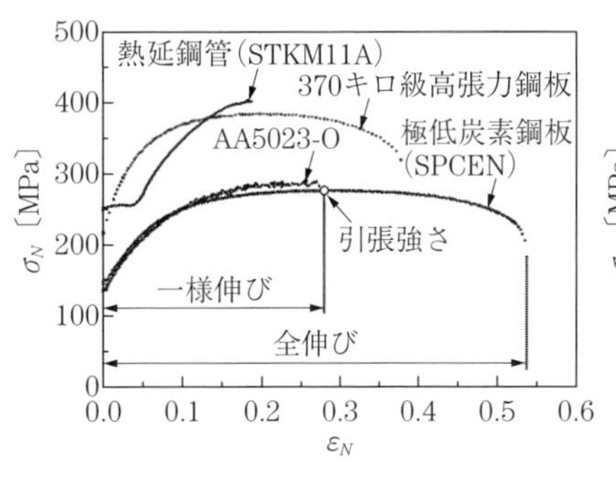

（a） 各種金属材料の事例（熱延鋼管，高張力鋼板，アルミ合金等）

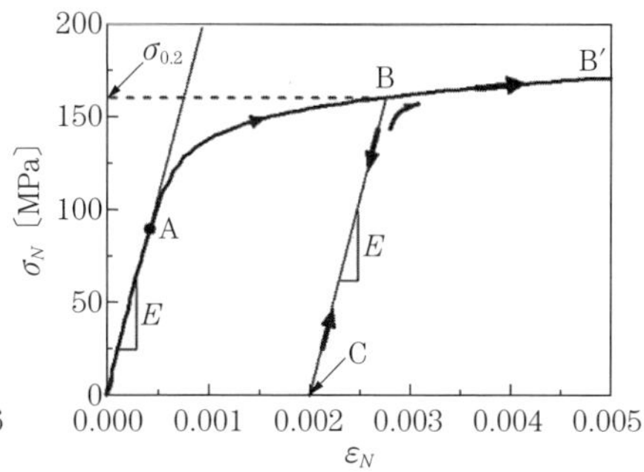

（b） 0.5％以下の範囲（降伏点近傍）を拡大した模式図

図3.14 公称応力-公称ひずみ曲線

増加させて変形を進めると，応力-ひずみ曲線の勾配が徐々に小さくなる。このひずみの範囲においては，例えば，点Bに到達した時点で試験力を減少させると，応力とひずみはそれまでの応力-ひずみ曲線をそのまま後に戻ることなく，点Bを通りヤング率Eと同じ傾きで直線BCをたどる。そして応力が0になると，点Cの位置に示されるひずみが試験片に残留する。このように外力を除いてもひずみが0にならず，永久変形が材料に残留する性質を「塑性」という。金属が塑性変形を開始することを「降伏する」といい，応力-ひずみ曲線上で降伏が開始した点を「降伏点」，そのときの応力を「降伏応力」という。図3.14（a）のように焼きなましを行った軟鋼板では明瞭な降伏伸びが生じることから，降伏点は容易に測定することができる。一方，アルミニウムおよびアルミニウム合金板のように降伏伸びを生じない金属がある。このような材料は，結晶のすべり変形が徐々に開始することや，測定機器の精度の問題もあり，降伏応力を正確に決定することが難しい。そこで，点Bのように，0.002（0.2％）の残留ひずみを付与したときの応力をもって実用上の降伏応力と定義する。これを0.2％耐力と称し，通常$\sigma_{0.2}$と表記する。

塑性域では，ひずみの増加に伴って，塑性変形を継続させるのに必要な応力（塑性流動応力もしくは変形抵抗）も徐々に増加する。この現象は，加工硬化もしくはひずみ硬化と呼ばれる。加工硬化は塑性ひずみの累積とともに材料の降伏応力が増大する現象と捉えることができる。

塑性ひずみがさらに進むと，それまで一様に伸ばされていた試験片の一部が細くなり「くびれ」始め，ほぼこの時期に試験力は最大となる。この最大試験力を試験片の初期断面積 A で除した値が「引張強度」もしくは「引張強さ」である。くびれが発生すると，くびれ部の応力がさらに高くなり，くびれ部での塑性変形がさらに加速され，ついには破断に至る。破断までの試験片の公称ひずみを全伸び，最大試験力までのひずみを一様伸びという[13]。

図 3.15 に，アルミニウム合金（上：5000 系，中：6000 系合金）と軟鋼板（下）の引張試験後の試験片形状を示す。軟鋼板は最大試験力に到達すると拡散くびれを生じ，その後拡散くびれ内の応力が増大し，最後に破断する。一方，アルミニウム合金板の場合，最大試験力に到達すると，くびれの発生がほとんどなく破断に至っていることがわかる。

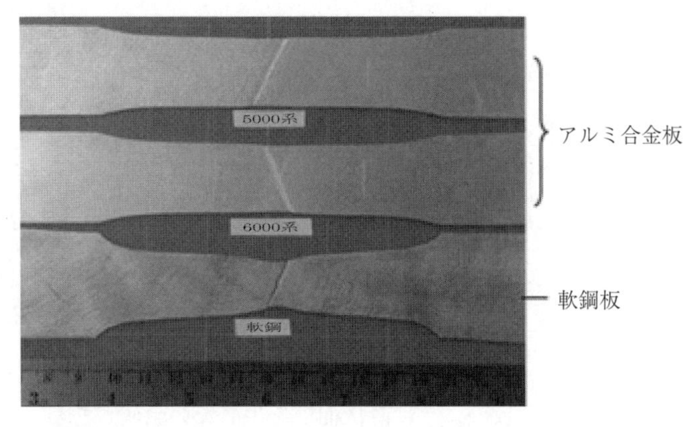

図 3.15　アルミニウム合金板と軟鋼板の引張試験後の試験片形状

3.2.2 変 形 と 転 位

金属材料は，外部から応力をかけ，塑性変形（永久変形）を受けることで製品形状となる。この過程では，材料の外観形状や寸法が変わる以外に，金属材料内部にも原子レベルでの変化が起こっている。普通，金属原子は，きれいに配列していることはなく，原子が欠けて乱れているところがある（格子欠陥）。金属の塑性変形は，特定の結晶面を境にして原子がすべることによって起こる。このすべりは，結晶面全体にわたって一度に起こるのではなく，転位という線状の格子欠陥が動くことによって生じる。

図3.16は，刃状転位の原子構造と，それがすべり面を移動することによって，塑性変形が生じる過程を示している。転位が動きやすい材料は，塑性変形が容易な材料であり，軟らかい材料である。反対に転位を動きにくくすると，硬く，強い材料が得られる。転位を動きにくくさせる要因として，固溶した溶質原子や析出物などがあり，これらによる強化機構が3.1.2項〔2〕で述べたように，それぞれ固溶強化，析出強化である。塑性変形が進むと，多くの転位が結晶中に蓄積する。これらの転位は互いに相互作用し合い蓄積され，転位の移動を妨げる。したがって，塑性変形を続けると材料は次第に硬くなる。これが加工硬化である。

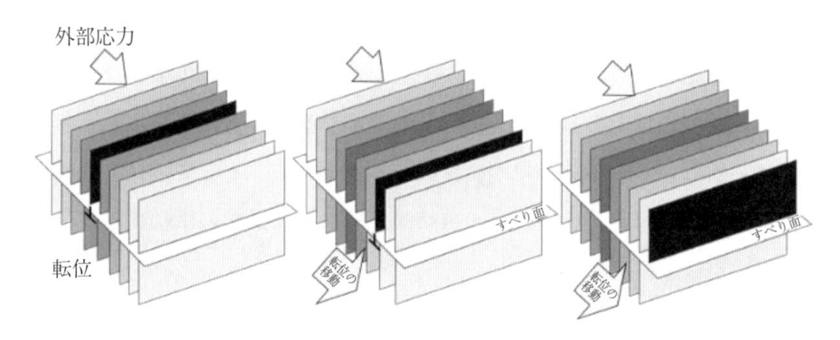

図3.16 刃状転位の移動による塑性変形（変形機構）の模式図

例えば，針金の一部に対し曲げ・曲げ戻しを何回も繰り返し行うとその部分が徐々に硬くなり，やがて動きにくくなるという現象が起こる。これが加工による強化機構である。加工硬化した材料は，焼きなまし（焼鈍処理）などの熱処理により蓄積した転位を消滅させると，もとの軟らかい材料に戻る。これは，熱処理により，原子の配列を整然とさせることで蓄積していた転位が緩和され，転位の数が少なくなることによるものである。

図3.17は焼きなまし材と加工強化された材料の透過型電子顕微鏡による転位組織の観察結果を示す。加工強化材では転位が蓄積されていることがわかる[3),13)]。

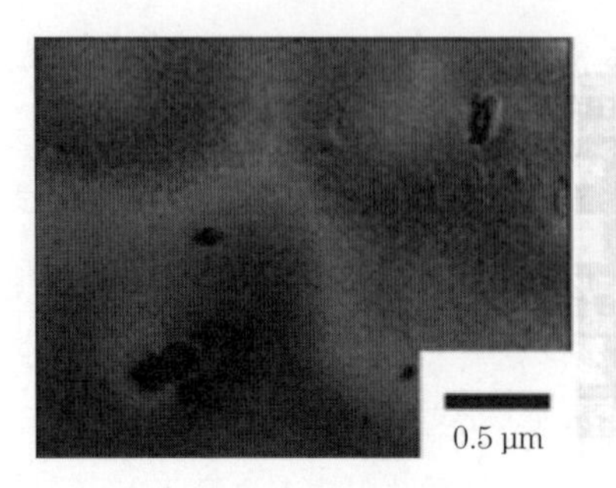

（a） 焼きなまし材（転位なし）

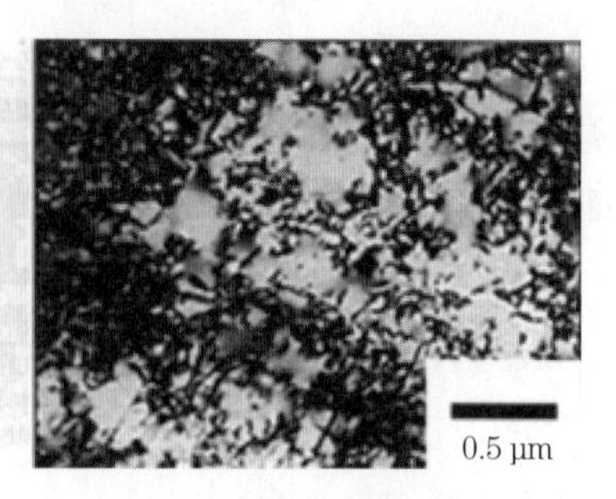

（b） 加工強化材（転位あり）

図 3.17　透過電子顕微鏡による焼きなまし材と加工強化材の転位組織観察結果

塑性変形によって金属結晶に生じるもう一つの変化は，結晶の回転である。これは，塑性変形が特定のすべり面上の特定のすべり方向でしか起こらないことによって生じる。この結晶回転により，結晶粒の方位が塑性変形の方向に配向した集合組織を形成する。このほか，大きな変形量の冷間圧延では，結晶粒が伸びる。臨界値以上の塑性変形を与えた伸延粒を有する材料を加熱すると，転位のない新しい等軸の結晶粒が核生成し，成長する。そして，材料は変形前の軟らかい状態に戻る。この現象を再結晶といい，結晶粒の微細化や軟化の目的で利用する。

3.2.3　アルミニウム板成形加工の基礎[1)〜4),8),12),15)]

鍋や缶，自動車部品などに代表されるアルミニウム合金板でできた製品は，プレスや曲げ加工などの成形加工により製造される。成形加工では，外力を負荷することによって変形が開始され，材料の破断限界前で必要に応じた形状に塑性変形させ製品を取得する。しかし，成形過程において，材料の成形限界に到達したときにくびれや割れ（破断）などの成形不具合が発生する。成形限界を向上させるため，発生する成形不具合に対し成形技術や材料特性を把握することで，これらの課題を解決し，成形技術や材料特性を向上させる必要がある。

板成形では，変形様式と破断形態から，**図 3.18** に示すように成形区分がなされており，① 深絞り成形，② 張出成形，③ 伸びフランジ成形，④ 曲げ成形

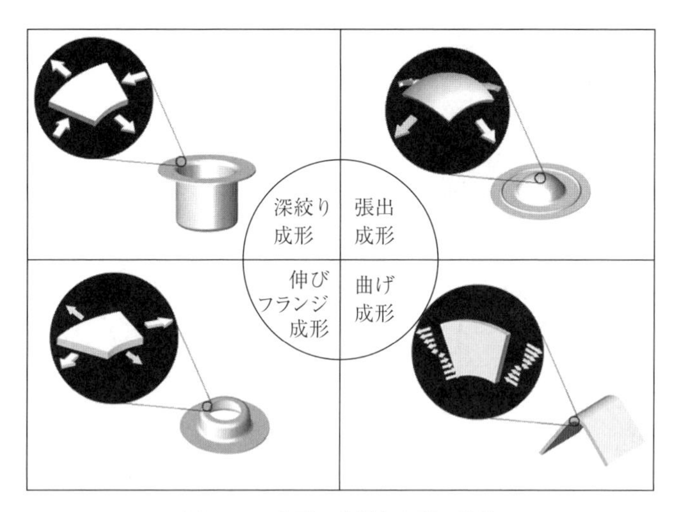

図 3.18　成形の分類と変形の特徴

の基本要素に分類されている。金属製品の複雑な形状は，この 4 要素を考慮することが重要とされている。

〔**1**〕 **絞り成形（深絞り成形）**　絞り加工とは金属板成形法の中の一つで，一枚の金属板から円筒・角筒・円すいなど，さまざまな形状の製品を作る加工法のことをいう。成形された製品につなぎ目のないことが特徴で，プレス加工の中でも厳しい成形加工方法の一つである。金型・機械・加工条件などのバランスがうまくかみ合うことによって，成形不具合とされるしわ，くびれ，割れのない，鍋や缶などの絞り成形をした製品を製造することができる。

深絞り加工を行うためのプレス成形装置の断面模式図を**図 3.19** に示す。アルミニウム合金板をブランクと呼ばれる所定の形状に加工し（円筒深絞りの場合は円板状が一般的），ブランクを絞り金型のダイの上にセットする。その後，プレス機によりブランクにブランクホルダーとダイを接触させ，適正なしわ抑え力（BHF：ブランクホールディングフォース）を付与し，パンチが上部（上死点）から下部（下死点）まで動き，絞り成形加工を行う。その後パンチが上部（上死点）まで戻り，ブランクホルダーとダイの BHF が除荷され，深絞り成形品を取得することができる。一般に，深絞り限界は，絞り荷重を負担する

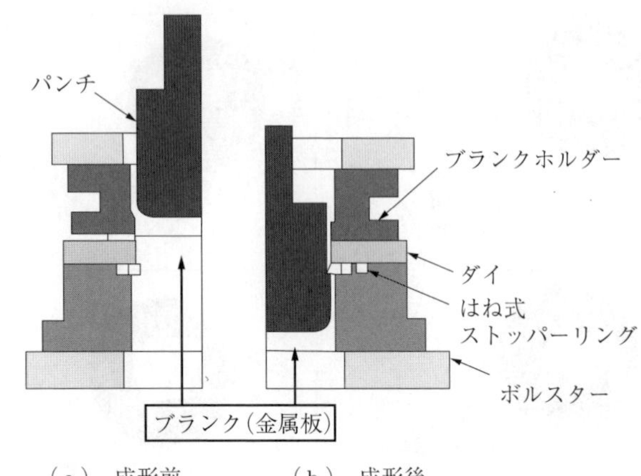

図 3.19　深絞り成形金型の模式図

パンチコーナー肩部に受ける材料強度と絞り変形を受けるフランジ部の材料変形抵抗との関係により定まる。パンチ肩部の材料強度が大きく，フランジ部の変形抵抗が小さい場合，深絞り成形は比較的容易で，条件によってはブランクがダイフェースに残らなくなるまで絞る（絞り抜け）場合がある。一方，パンチ肩部の材料強度が低く，フランジ部にかかる変形抵抗が大きい場合はパンチ肩 R 部など応力集中する部分で破断する。また，絞り成形を行う場合，しわ抑え力の加圧条件，パンチとダイの間隔（クリアランス）の設定，潤滑剤の選定も重要な因子となる。

ブランクがパンチによって絞り加工を受けると，ブランクは周方向の圧縮，流入方向に引張，さらにダイ肩部では曲げ応力を受ける（図 3.20 参照)。このとき，周方向の圧縮応力によりしわが発生する。このしわを抑制するために，BHF を適正化することが必要である。BHF が大きすぎると素材にかかる抵抗が大きくなり変形することができず，応力が集中する部分（例えばパンチ肩 R 部）で破断する。逆に小さすぎる場合は，フランジ部にしわが発生し，重なりしわやしわを起因とした割れなどが発生し，健全な製品を得ることができない。

図 3.20 に絞り成形の欠陥事例を示す。絞り成形では金型設計が大事な要素となる。パンチとダイの間隔（クリアランス）の設定，被加工材料の強度を考

（a）　パンチ肩割れ　　　（b）　壁割れ

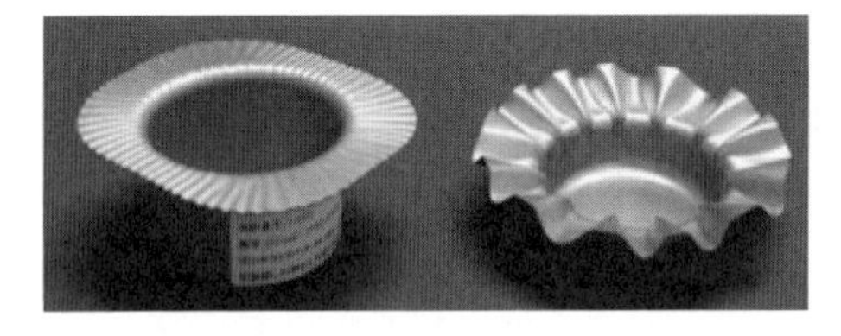

（c）　し　わ

図 3.20　絞り成形の欠陥事例

慮したパンチ肩 R とダイ肩 R の設計やダイとブランクホルダーの設置面（ダイフェイス面）の精度などがある。

アルミニウム合金板などの金属板の深絞り性を調査するためには，絞り容器の形状が軸対称である円筒絞りが利用されている（**図 3.21**）。深絞り性の評価方法は，一般にプレス機を用いて行われ，金属板を直径 D の円板状ブランクに製作し，円筒直径 d のパンチを用いて深絞り試験をする。ブランク径 D が

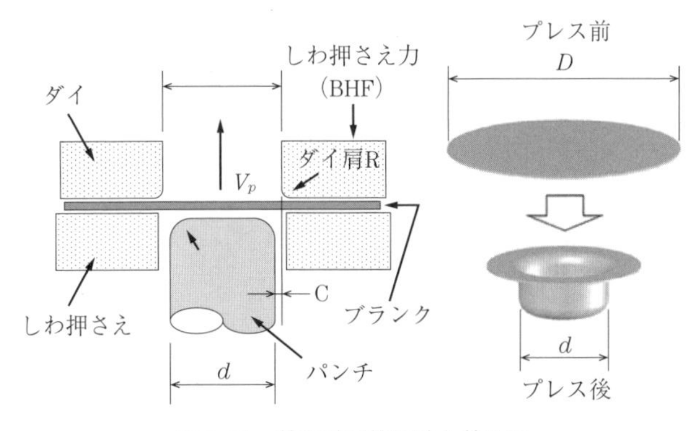

図 3.21　絞り試験機概略と絞り比

小さい場合は，破断せず，絞り込まれて底付きの円筒状の成形品ができるが，Dを徐々に大きくしていくと金属板の負荷が過大になり，ついには金属板が破断に至る（破断部はパンチコーナーR部の場合が多い）。このとき，破断に至る前の深絞り成形が可能となったブランク直径Dまでが深絞り性の限界ということになる。金属板のブランク直径Dとパンチ直径dの比（D/d）を絞り比といい，その逆数（d/D）を絞り率といい，深絞り性を表す指標として用いられる。

1回の成形で絞れる最大の金属板の直径をD_{max}とするとD_{max}/dを限界絞り比（LDR：limiting drawing ratio），d/D_{max}を限界絞り率（limiting drawing rate）という。限界絞り比が大きい材料ほど深絞り性が良い材料である。

圧延により製造された板材は，その機械的性質に方向性をもっている。そのため，円板状に加工したブランクから円筒容器を深絞り加工する場合は，方向によって，絞り変形が変わり，ブランクの縁に山と谷ができる。これを耳と呼ぶ。耳の発生位置は，金属板の圧延方向と板幅方向，あるいは45°方向に現れる場合が多く，r値（塑性ひずみ比，ランクフォード値）といわれる材料特性が影響している。

r値は，材料の塑性変形における異方性を評価するために使用され，式(3.2)で表すことができる。

$$r=\frac{\varepsilon_w}{\varepsilon_t} \tag{3.2}$$

ここで，ε_wは板幅方向の真ひずみ，ε_tは板厚方向の真ひずみである。

具体的には引張試験を行い，板幅方向と板厚方向の寸法変化を計測して以下のように計算する。

$$板幅方向の真ひずみ：\quad \varepsilon_w=\ln\frac{w}{W} \tag{3.3}$$

$$板厚方向の真ひずみ：\quad \varepsilon_t=\ln\frac{t}{T} \tag{3.4}$$

ここで，Wは変形前の板幅，wは変形後の板幅，Tは変形前の板厚，tは変形後の板厚である。

r 値はこの幅方向と板厚方向の真ひずみの比として計算される。深絞り加工において，板面内で変形しやすく，板厚が薄くなりにくいと絞られやすくパンチ肩Rの破断が起こりにくいので，r 値が大きい材料ほど深絞り性が良いということになる。

図3.22 に各種金属材料板の r 値と限界絞り比を示す（一部データ（☆）は文献15）に筆者の実験値を追加）[15]。

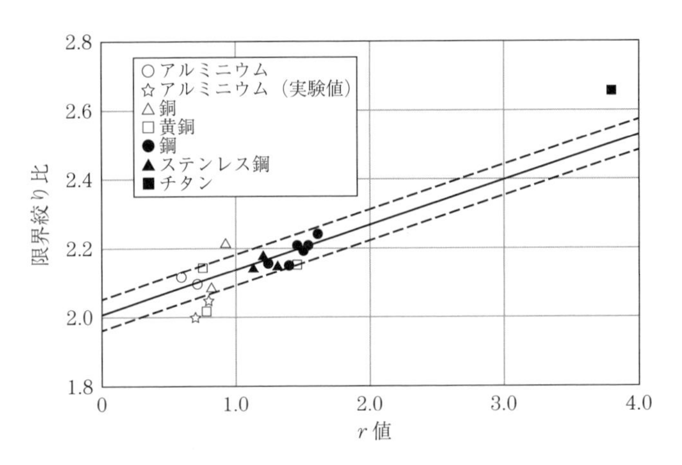

図3.22 各種金属材料板の r 値と限界絞り比の関係

〔**2**〕 **張出成形** 張出成形は，球状のパンチ頭部に接触する材料（ブランク）が円周方向あるいは半径方向のいずれにも伸び変形をし，表面積の増加すなわち板厚の減少を伴って所定の形状を得る方法である。よって，金型（パンチ）が接触している部分だけを引き延ばすことで，成形加工前後でブランクの外周に対し変形を生じさせない成形加工である。張出成形にはいくつかの技法がある。

パンチ張出成形は，パンチ（金型）を用いて金属材料（ブランク）を押し，張出しを行う成形方法である。金型が材料に直接接している部分で局所的に抵抗がかかる場合があり，材料の成形限界を超えた場所で破断する。

液圧張出成形（液圧バルジ成形）はパンチを使用せず，ブランクをダイとブランクホルダーに密着させ高いBHFを負荷してフランジが成形時に動かないようにセットし，油などにより液圧をかけてブランクを張出させる成形である。工具との接触がない（摩擦力が0）ので，液圧がかかっている部分はおおむね均等に変形し，板厚変化も均一である。

代表的な張出成形を活用した材料評価試験にエリクセン試験方法（JIS Z 2247）がある。エリクセン試験方法は，ブランクホルダーとダイとの間に締め付けた試験片に対して，球頭パンチを押し込むことによって，貫通割れが発生するまでくぼみを形成する。パンチの移動距離が測定するくぼみの深さを示し，これを試験結果（エリクセン値）とする。試験機についても**図3.23**に示すようにJISで制定されている（JIS B 7729）。

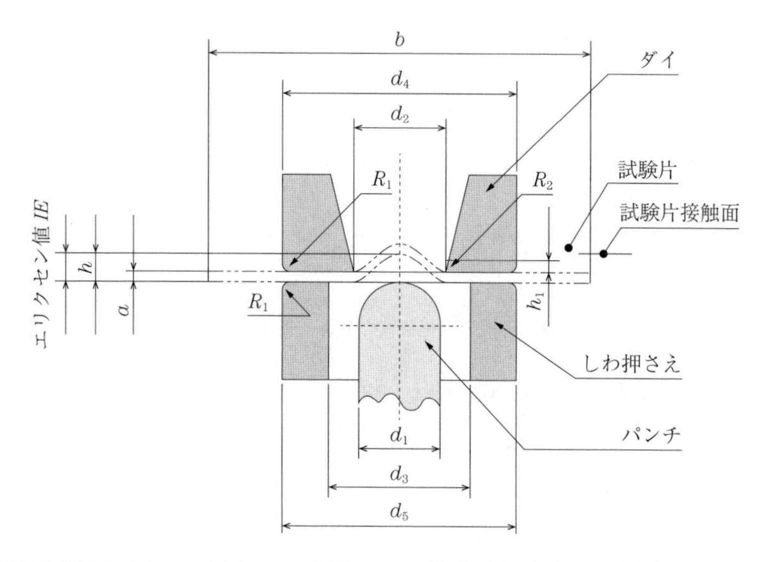

a：試験片の厚み（0.1 mm 以上 2 mm 未満）
b：試験片の幅または直径（90 mm 以上）
d_1：パンチ端の球状の直径（20±0.05 mm）
d_2：ダイの内径（27±0.05 mm）
d_3：しわ押さえの内径（33±0.1 mm）
d_4：ダイの外径（55±0.1 mm）
d_5：しわ押さえの外径（55±0.1 mm）
R_1：ダイの外側かどの丸み半径およびしわ押さえの外側かどの丸み半径（0.75±0.1 mm）
R_2：ダイの内側かどの丸み半径（0.75±0.05 mm）
h_1：ダイの内側円筒部の長さ（3.0±0.1 mm）
h：試験中のくぼみの深さ

図3.23　JIS B 7729　エリクセン試験機

〔3〕 **伸びフランジ成形**　伸びフランジ成形は，プレス成形中にフランジ部を周方向に延ばしながら成形する加工方法である（図3.25参照）。金属材料の伸びフランジ成形性を評価する試験方法に穴広げ試験がある。**図3.24**に穴広げ試験に用いる金型の概略図の一例を示す。穴広げ試験は，2009年に発行されたISO 16630を基とし，JIS Z 2256（金属材料の穴広げ試験方法）として制定されている。JISでは，パンチには頂角60°の円錐のパンチを用いることが決められている。

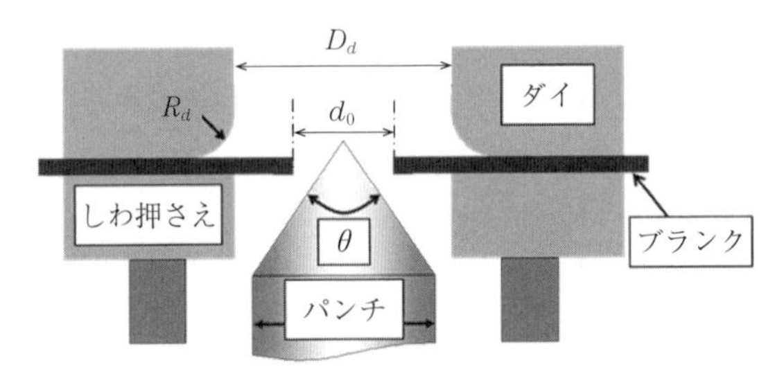

図3.24　穴広げ試験に用いる金型概略図

穴広げ試験は，**図3.25**（a）に示すように，被加工材料にあらかじめ直径d_0の穴（初期穴）を開けておき，図（b）に示すようにパンチを移動させ，初期穴を広げていく。パンチの移動により穴は拡大していき，いずれは，材料の円周方向の伸びに限界がきて破断が生じる。破断を生じたときの穴の直径をdとすると，式(3.5)により穴広げ率λを算出することができ，この値を材料の伸びフランジ成形性の評価としている。

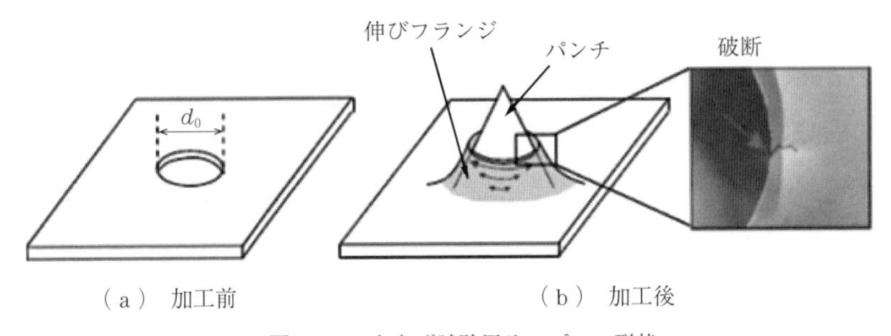

（a） 加工前　　（b） 加工後

図3.25　穴広げ試験用サンプルの形状

$$\lambda = \frac{d - d_0}{d_0} \times 100 \tag{3.5}$$

〔**4**〕 **曲げ成形**　　曲げ成形は，突き曲げ（型曲げ），押さえ曲げ（折り曲げ），送り曲げ（ロール曲げ）に大別される。金属板の加工方法としては一般的によく用いられており，曲げ加工を組み合わせて製品化しているものもある。

突き曲げ（型曲げ）は，ダイに乗せた金属板をパンチで押し曲げる基本的な曲げ加工方法である。突き曲りによるV字曲げは，**図3.26**に示すようにパンチとダイを加工したい形（V字型）の金型に製造し，その間に材料を入れ，押し曲げることによりパンチとダイの形状を転写し，V字の形状を得る加工方法であり，広く用いられている曲げ成形の方法である。

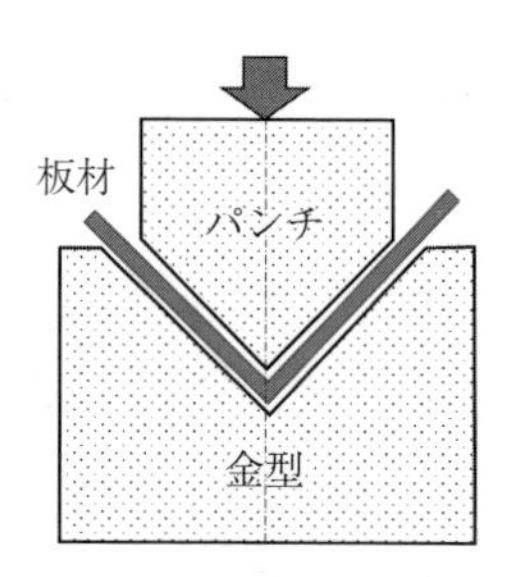

図3.26　突き曲げ（V字曲げ）金型構造模式図

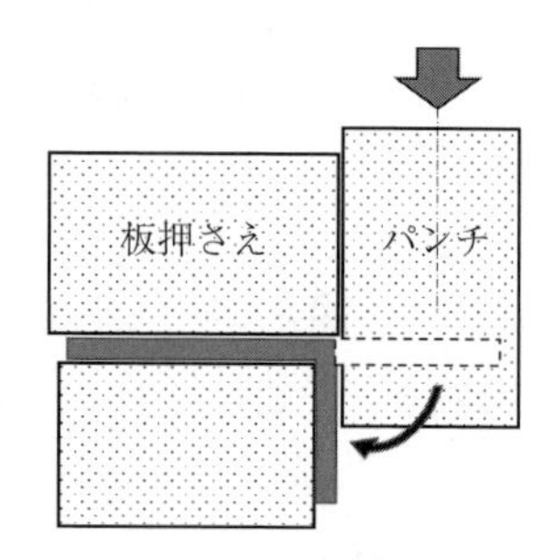

図3.27　押さえ曲げ（L字曲げ）金型構造模式図

押さえ曲げ（折り曲げ）はダイの上に金属板を置き，材料がずれることがないように押さえ込み，その後，パンチを上部から材料の曲げ成形する部分に押し当て，曲げ加工する方法である。**図3.27**に押さえ曲げによるL字曲げの金型構造の模式図を示す。金属板を押さえながら曲げるため，突き曲げに比べ，成形が安定している。

逆押さえ曲げによるU字曲げの金型構造の模式図を**図3.28**に示す。U字曲げは，金属板をパンチと逆押さえで加圧し，U字に曲げる方法である。L字曲げとは違い，パンチによる曲げを逆押さえ（パッド）で補助することで，U字の両角を同時に曲げる加工方法である。

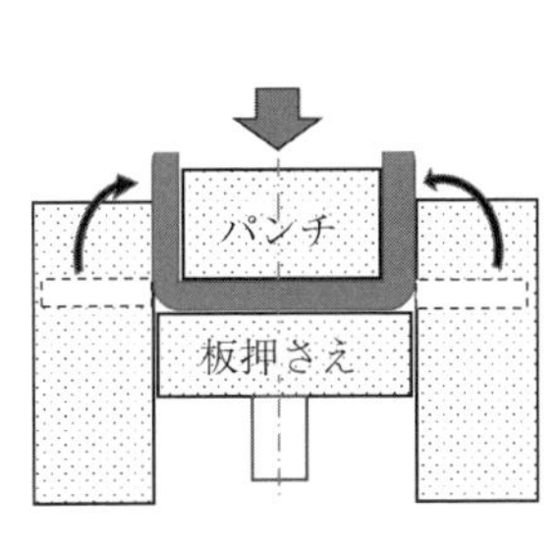

図 3.28　逆押さえ曲げ（U 字曲げ）金型構造模式図

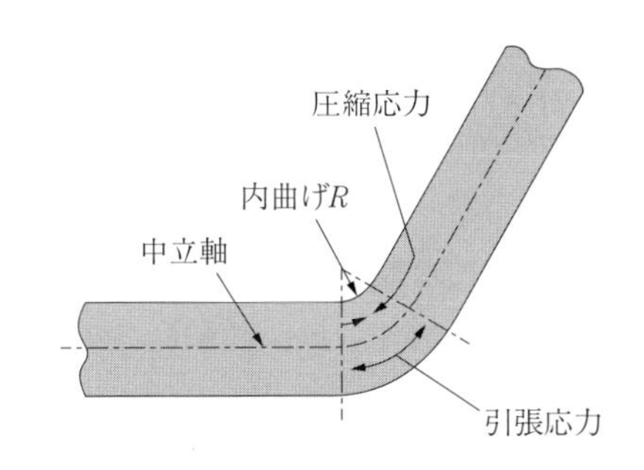

図 3.29　曲げ成形時における材料板断面における応力分布の関係

送り曲げ（ロール曲げ）は，金属板を送りながら回転ロールを押し当てて，板材料を曲面状に曲げ加工する方法である。3 本の回転ロールを使いながら板を送り，パイプなどの円筒状に曲げていくことができる。

曲げ成形では，金属板を加工する際にその断面において**図 3.29** に示すような関係がある。材料の中立軸に対して，板の内側に対し圧縮応力，外側には引張応力が作用している。中立軸は曲げ加工部において必ずしも板厚の中央と一致するわけではなく，若干内側に移動する。これは，曲げ部の板厚が加工により減少することによる。

【演習問題 3.2】

（1）　限界絞り比 2.00 のアルミニウム合金板を用い，パンチ径 ϕ33 mm の円筒金型を用いて深絞り成形を実施した。ブランク形状を ϕ66 mm に加工し，$n=3$ の成形試験を実施した結果，2 個は成形後，フランジが残らずカップ型の成形が可能であったが，1 個だけパンチ肩部で割れを生じた。考えられる原因を述べよ。

（2）　ブランク中心に初期穴 ϕ10 mm の加工を施したアルミニウム合金板を用い，円錐穴広げを行った結果，ϕ13.2 mm で端部割れが発生した。このときの穴広げ率 λ を求めよ。

3.3　アルミニウム板成形の応用技術（実製品技術）

アルミニウムおよびアルミニウム合金板は，さまざまな成形加工（塑性加工）

を施すことにより，実用製品となる。最終製品にするためには，要求される材料特性，成形性，耐食性や溶接性などを考慮しながら，適正な合金および調質の選定をし，加工を行う必要がある。アルミニウムおよびアルミニウム合金板を用いた代表的な製品を紹介する。1000系合金は，クッキングホイルや薬袋などに用いられているアルミニウム箔圧延品，鍋・窯，弁当箱などの深絞り製品，エアコン用熱交換フィン材などのプレス加工品として利用されている。3000系合金は，アルミニウム合金板で最もよく使用され，飲料缶の胴として実用化されており，この成形にはDI加工（絞り・しごき加工，Drawing and Ironing forming）という成形加工技術が用いられている。また，5000系合金は，アルミニウム合金の中で比較的強度が高く，伸びが高いことから構造用合金として用いられており，飲料缶の蓋，自動車部品などにプレス加工により製品化されている。

高強度を必要とする製品には，2000系，6000系，7000系の熱処理型合金が用いられている。2000系合金はジュラルミン（A2017）や超ジュラルミン（A2024）として知られており，航空機の部品などで実用化されている。7000系合金はアルミニウム合金の中で最も強度を高くすることができることから，航空機用材料として実用化され，超々ジュラルミン（A7075）が代表的な合金である。6000系合金は，熱を利用して強度を上げることができるという特徴を生かし，自動車の製造ラインにある塗装焼付時の温度を利用したベークハード型材料として自動車パネルの外板用として実用化されている。

3.3.1 アルミニウム箔圧延技術[11),16)]

アルミニウムを厚さ0.006～0.2 mm程度まで圧延して薄く伸ばしたものをアルミ箔といい，JISで規定されている。アルミ箔の製品は，単体で使用される場合と，フィルムや紙と貼り合わせて使用される場合とがある。アルミニウム板製品としてよく目にする製品の一つである。需要分野ごとに分類すると，食料品（製菓，酪農用など），日用品（家庭用クッキングホイル，麺類加熱用容器），電気（コンデンサー，電池極）などに分けることができる。

箔圧延は，一般に軽圧メーカーが冷間圧延まで行い，0.1 ～ 0.2 mm 程度の厚さの箔地と呼ばれる製品までを製造し，その後，箔製造メーカーが箔地を用いてさらに箔圧延を行い，箔製品を製造する。箔圧延の一般的な工程概略図を**図 3.30** に示す。

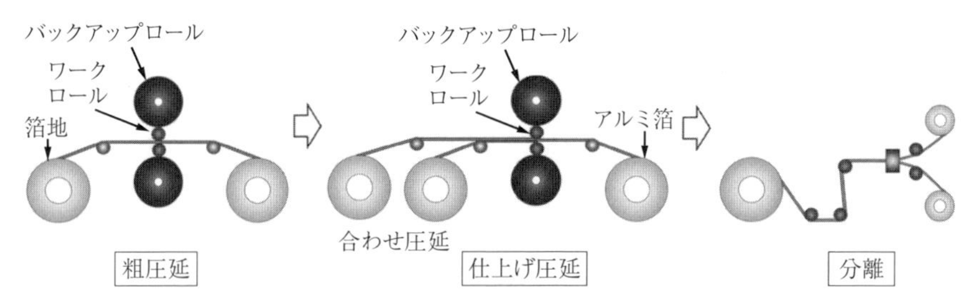

図 3.30　アルミ箔の製造工程概略図

箔地を荒箔圧延して数十 µm とし，家庭用クッキングホイルなどの製品のようなさらに薄い箔製品は，その数十 µm の箔どうしを合わせて箔圧延を行って数 ～ 十数 µm の箔を製造する。その後，合わせた箔を分離させ，必要に応じて焼きなましなどの熱処理を行い，スリッターにより要求された幅に切断して製品とする。家庭用クッキングホイルに鏡面（ブライト面）と非鏡面（マット面）があるのは，仕上げ箔圧延の際に合わせ圧延をしているためで，圧延ロールに接触している面が鏡面（ブライト面）となり，アルミニウムどうしが合わさっている面が非鏡面（マット面）となっている。

3.3.2 アルミニウム飲料缶の成形技術 [11), 17)]

アルミニウム合金板で実用化されている代表的な製品は，ビール缶などに使用されている飲料缶である。飲料缶は，タブが付いている蓋の部分と内容物が入る胴部分とに分かれている。缶蓋の部分は，強度や加工性を考慮し 5000 系（Al-Mg 系）合金が使用され，缶胴の部分は加工性や強度のため 3000 系（Al-Mn 系）合金が使用されている。缶胴の部分は，継ぎ目のない一体成形で製品化されており，ボディメーカーという機械により DI 加工と呼ばれる加工方法で製造される。

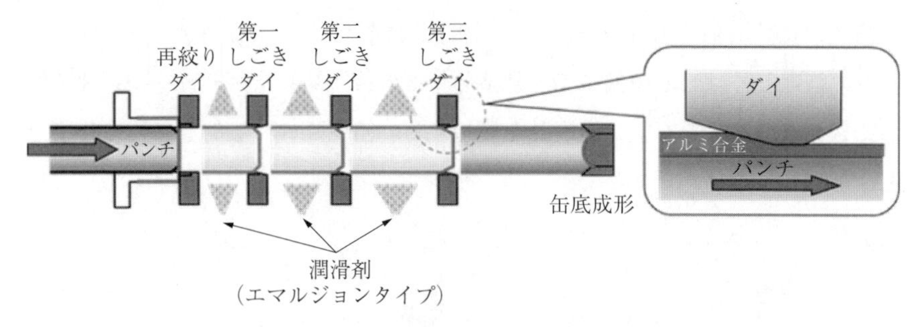

図3.31　DI加工（缶胴を製造するボディメーカー）概略図

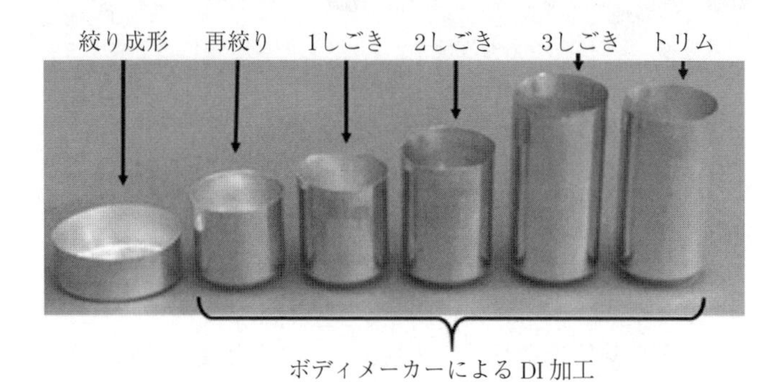

図3.32　DI成形の各工程でのアルミニウム外観写真

DI加工の概略図を**図3.31**に，各工程におけるアルミニウムの外観を**図3.32**に示す。

缶胴は，まずは，プレス機で絞り加工によりカッピング成形を行う。その後，ボディメーカーでDI加工する。DI加工では，大量の潤滑剤を用い，パンチを四つのダイを通過させることで，再絞りから3回しごき加工までの工程を一回のパンチの移動により，缶の壁部を薄く伸ばして製造する。製造時の成形速度は250～350缶/minと非常に速い。ボディメーカーで壁部を延ばされた缶は，その後，トリム工程で不要な板縁部分を切断し，洗浄，塗装焼付などの工程を経て缶胴製品となる。

3.3.3 自動車部品用アルミニウム合金板の成形技術[18)]

アルミニウム合金板は，鋼板と比較し，材料の伸び，n 値，r 値，ヤング率が低いため，一般に成形性が劣る。従来の鋼板では成形可能な形状でも，アルミニウム合金板では，割れ，しわ，形状凍結性（スプリングバック）などの成形不具合が発生する場合がある。よって，成形の自由度が鋼板に比べ小さいため，デザインが制約されてしまうという課題がある。

自動車パネル用の代表的アルミニウム合金板の機械的性質は，引張強度および耐力については軟鋼板とほぼ同等の値を有しているが，伸びは劣っている。**図 3.33** に，代表的な自動車パネル用アルミニウム合金板（5000 系，6000 系）と軟鋼板の応力-ひずみ曲線を示す。

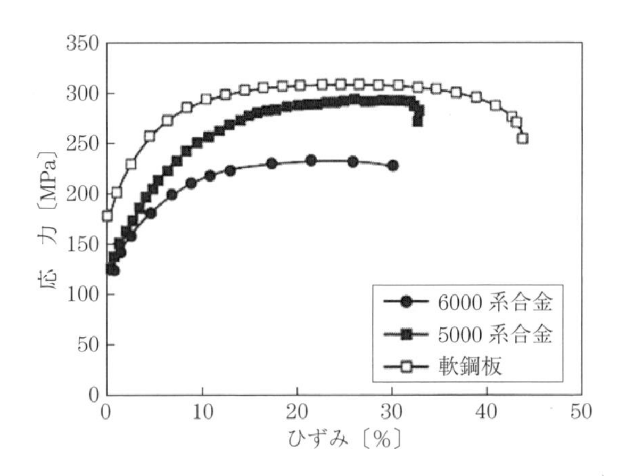

図 3.33 アルミニウム合金板と軟鋼板の応力-ひずみ曲線[18)]

アルミニウム合金板は，最大試験力に到達するとその後の伸び（局部伸び）が軟鋼板に比べ著しく小さいことがわかる。これが，アルミニウム合金板と軟鋼板における成形性の違いのおもな原因である。

〔1〕 張 出 成 形　**図 3.34** に，各アルミニウム合金板および軟鋼板の LDH_0（LDH：limited drawing height）と引張強度の関係を示す。LDH_0 は，ブランク形状を長方形とし，球頭ポンチによる張出成形を行った際の破断までの成形高さである。このときの破断部近傍は平面ひずみ領域にある。これより，

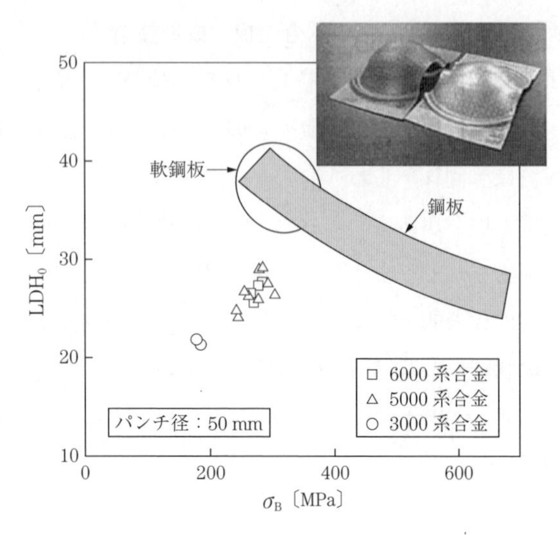

図 3.34　アルミニウム合金板と軟鋼板の LDH$_0$ と引張強度の関係

アルミニウム合金板は，軟鋼板とほぼ同等の引張強度を有しているが，張出成形性は劣っていることがわかる。このため，アルミニウム合金板の成形では，軟鋼板より加工ひずみを低減する必要がある。

〔**2**〕 **絞り成形**　自動車パネル用アルミニウム合金板および軟鋼板の円筒絞り試験による限界絞り比 LDR と絞り成形高さを測定した結果を**表 3.3** に示す。軟鋼板に比べアルミニウム合金板は，限界絞り比は低く，成形高さは約 70 % 程度となる。

表 3.3　アルミニウム合金板と軟鋼板の絞り成形性の比較 [18)]

合　金	限界絞り比 LDR	絞り成形高さ H/D_d
5000 系合金（板厚 1.0 mm）	1.86	0.67
6000 系合金（板厚 1.0 mm）	1.81	0.65
軟鋼板（板厚 0.8 mm）	2.15	0.97

〔**3**〕 **しわ感受性**　**図 3.35** に，アルミニウム合金板と軟鋼板の円錐台成形試験により，しわおよび割れ限界を調査した結果を示す。軟鋼板は，アルミ

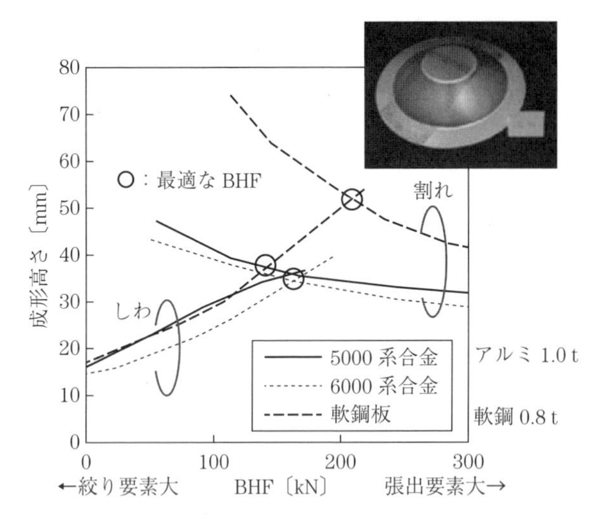

図 3.35 アルミニウム合金板と軟鋼板の円錐台成形試験によるしわおよび割れ限界の比較 [18)]

ニウム合金板と比較し，破断限界が高く，高いしわ抑え力 BHF により成形が可能となるため，割れやしわの発生の限界が高く，比較的深い成形品を得ることができる。

一方，アルミニウム合金板は，低い BHF 領域であればしわ発生は軟鋼板とほぼ同等であるものの，軟鋼板ほどしわ抑え力を高くすることができず，しわおよび割れ限界ともに低い。また，アルミニウム合金板は，鋼板に比べヤング率が 1/3 と小さいため座屈しやすいこと，また，r 値が低いため引張変形によりしわが吸収されにくいため，しわ対策は難しい。

通常，アルミニウム合金板の成形は，軟鋼板に比べ種々の問題があるため，鋼板の成形技術をそのまま適用することはほとんどできない。したがって，アルミニウム合金板の成形は，アルミニウムに適した成形・加工技術などの周辺技術の開発が不可欠である。

例えば，6000 系合金のプレス成形技術では，金型設計をアルミニウムに適した形状にするとともに，ダイフェイス面を面接触タイプにすること，割れ周辺部のビード高さを低くすること（鋼板の約 1/2）が効果的である。また，形状精度を向上させるための技術の一つとしてBHF制御法が効果的である。

〔**4**〕 **アルミニウム合金板の成形性向上技術**　アルミニウム合金板での成形限界を向上するための技術として，塑性変形の温度依存性を利用する方法も検討されている。すなわち，常温での変形と比較して高温あるいは低温で伸びが著しく高くなるといったアルミニウム特有の特性を利用した手法がある。

図3.36に，5000系合金（Al-Mg系）板の機械的性質に及ぼす成形温度の影響を示す。アルミニウム合金板の高温域での高い延性を利用した高温ブロー成形法は，鋼板を凌ぐ加工形状を得ることができる手法であるとして検討されてきたが，従来，極少量生産の自動車パネルにおいて非常に形状が厳しい部位に適用されてきた。一方，低温で延性が向上するアルミニウム特有の性質を利用した低温成形技術も開発されている[18)]。

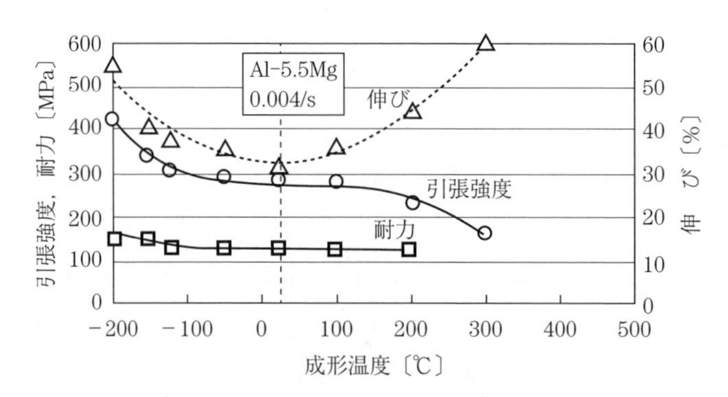

図3.36　5000系合金（Al-Mg系）板の機械的性質に及ぼす成形温度の影響

鋼板に比較し，局部伸びが小さいアルミニウム合金板は，成形加工時に均一変形領域で成形を行うことが必要である。したがって，高い潤滑性をもつ固形潤滑剤の適用はアルミニウム板材の成形限界向上に有効である。

〔**5**〕 **ヘム曲げ加工**　自動車用6000系（Al-Mg-Si系）合金板をパネルアウター用として使用する場合，ヘム曲げ加工性の課題がある。自動車のフードやドアなどの部位は，アウターとインナーとをヘム曲げ加工により接合している。一般にこの加工工程は，ダウンフランジ（90°曲げ）―プリヘム（135°曲げ）―ヘム曲げ（180°曲げ）となっている。このときの曲げ加工条件が厳しい場

合，曲げ部に割れが発生し問題となることがある。この割れは，結晶粒界および粒内に比較的粗大な析出粒子が存在する[18)]，せん断帯の形成とマトリックス中の第2相粒子が多い，せん断帯と結晶粒界上の第2相粒子が多いなどが原因となる[17)]といわれている。

図3.37に，ヘム曲げ加工性に及ぼす耐力とダウンフランジ加工（90°曲げ）時の曲げRの影響を示す。ヘム曲げ加工性の改善のためには，材料では熱処理などにより析出する第2相粒子を制御すること，素材耐力を低くするなどがある。さらに，加工方法からは，曲げ加工の工程にあるダウンフランジ（90°曲げ）加工時の曲げRを大きくするなどがある[18)]。

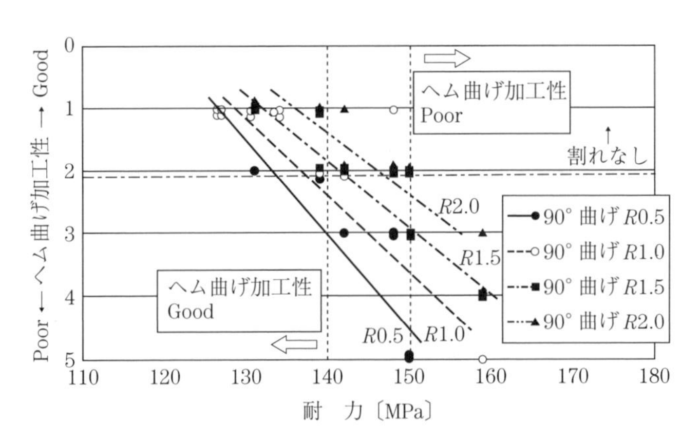

図3.37　6000系（Al-Mg-Si系）板のヘム曲げ加工性に及ぼす素材耐力と加工方法（ダウンフランジ時の90°曲げR）の影響

〔6〕　伸びフランジ加工[18),19)]　自動車用パネルのドアインナーなどは，ヒンジやドアロック部に他の部品をねじ止めすることで締結しており，ねじ（皿ねじ）と製品との段差を少なくするため，板に伸びフランジ成形による加工が施されている。自動車パネル用6000系合金板の伸びフランジ加工は，材料特性だけでなく，材料の組織にも大きく影響される。

図3.38に，6000系（Al-0.6 mass%Mg-1.0 mass%Si）にCuを0.5 mass%添加した合金を用い，均質化処理条件を450～550℃まで変化させ，熱間圧延，冷間圧延を行い厚さ1 mmの板とし，530℃×30 sの溶体化処理後，焼入れを

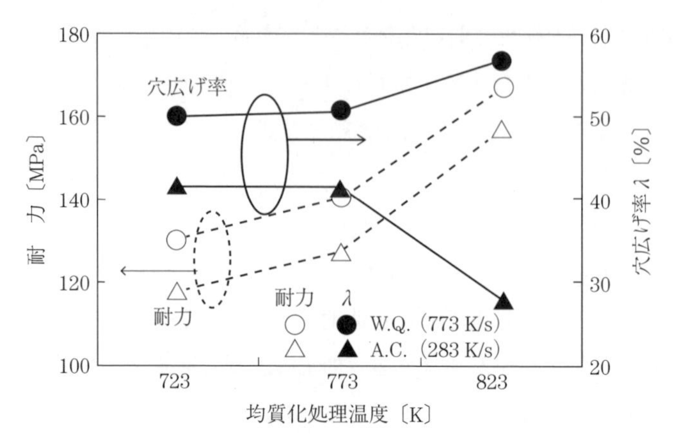

図 3.38　6000 系（0.5 mass%Cu 添加）合金板材の耐力と穴広げ率に及ぼす均質化処理と焼入れ条件の影響[19]

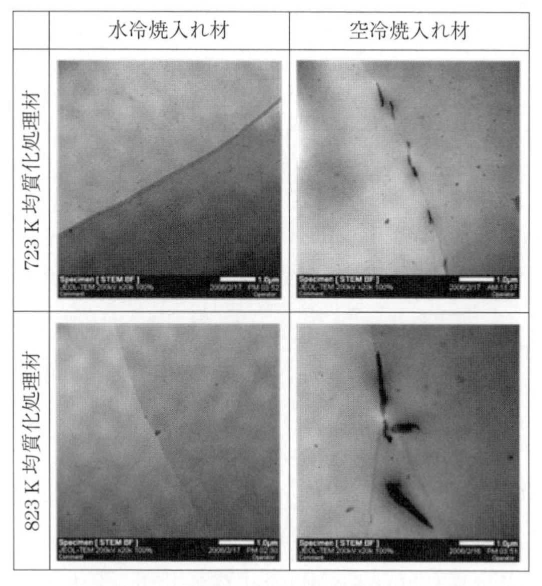

図 3.39　透過型電子顕微鏡による結晶粒界近傍の組織観察結果[19]（6000 系（Cu 添加）合金板材（Al-0.6 mass%Mg-1.0 %Si-0.5 mass%Cu）の均質化処理および焼入れ条件の違い）

水冷と空冷の 2 条件で T4 材を製作し，引張試験による耐力と穴広げ試験による穴広げ率 λ を求めた結果を示す。水冷で焼入れした板材（●：λ，○：耐力）

は均質化処理温度の向上とともに耐力，穴広げ率ともに向上するが，空冷で焼入れした板材（▲：λ，△：耐力）は，550 ℃高温均質化処理時に著しく穴広げ率λが低下した。

図 3.39 に透過型電子顕微鏡による各材料の結晶粒界近傍の組織観察の結果を示す。550 ℃高温均質化処理材は，溶体化後水冷した場合は，固溶度が高く，析出物などは観察されていないが，空冷をすると，結晶粒界に粗大な粒界析出物が認められた。穴広げ率λの著しい低下は，粗大な粒界析出物によるものと考えられた。したがって，伸びフランジ成形では，材料特性だけでなく，材料の内部組織を最適化するためのプロセス技術も重要な因子となる[19)]。

3.4 アルミニウム板の成形シミュレーション技術

アルミニウム合金板は，鋼板に比べ局部伸びが小さい，成形限界が低いなどの問題があり，「割れ」「しわ」「形状凍結性（スプリングバック）」「面ひずみ」といった成形不具合を生じやすい。従来は，試作工程においてプレス成形のトライ&エラーを繰り返し，割れやしわなどの成形不具合を発生する部位に対し，プレス金型の修正，潤滑剤の利用，プレス条件の最適化などを行い，最終製品を取得するまでに多くに時間を必要としていた。しかし，最近では自動車部品などをアルミニウム合金板で製品化する場合，多くは成形シミュレーションにより，成形不具合を事前に予測し，シミュレーションで得られたデータをフィードバックし，金型形状や成形条件（BHF など）を適正化することで，部品取得までの時間を大幅に削減することができるようになった。自動車のプレス成形技術は，鋼板から始まり自動車産業の発展とともに飛躍的に進化した。鋼板で要求される品質課題とそれに対応する材料開発および成形技術は膨大なデータとしてさまざまな形で継承され，現在に至っている。成形シミュレーション技術も鋼板では，これら蓄積されたデータをもとに材料モデルとパラメーターの導入，解析ソフトの開発により精度良く，割れやしわなどの成形不具合の予測が可能となっている。一方，鋼板でプレス成形し部品取得できる製品をそのままアルミニウム合金板製にするのは非常に困難であり，アルミニウム合金板の特性に応じた製品設計が必要となる。よって，アルミニウム合金板の成形シミュレーションにおいても，専用の材料モデルと応力ひずみ曲線や成形限界線図（FLD：forming limited diagram）などのパラメーター，最適降伏関数などを導入する必要がある。

3.4.1　板成形シミュレーションの事例[18)]

自動車パネル部品にアルミニウム合金板を適用する場合，軟鋼板と同様の金型設計では，材料特性の差などの影響もあり，プレス加工による成形ができない場合がある。特に，複雑な形状をした部品は，成形シミュレーションを用いアルミニウム合金板成形のための金型設計や成形条件を予測することが有効となっている。

図3.40（口絵2）に，自動車部品のアウターパネルで成形の厳しいフロントフェンダーについて成形シミュレーションによるアルミニウム合金板に適した金型形状を検討した結果を示す。軟鋼板用の金型形状（図（a））は，材料の流入や張り剛性を考慮し，金型の外周部に二段ビードを付けており，この金型形状のままアルミニウム合金板を成形すると，ビード部や成形の厳しい両端のコーナーR部に応力が集中し，板厚減少が広範囲に広がっていることがわ

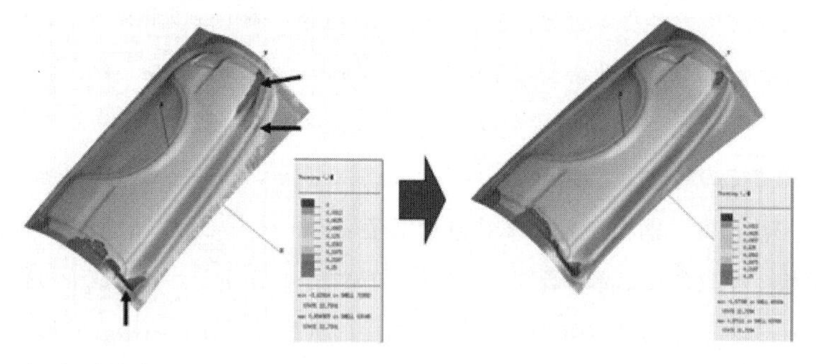

（a）軟鋼板用金型形状での解析（二段ビード）　（b）アルミ化のための金型形状解析（一段ビードに変更）

図3.40　軟鋼板用フロントフェンダー金型を用いた成形シミュレーション結果（シミュレーションによるアルミニウム合金板用金型形状の検討）[18)]〔口絵2〕

かる。一方，アルミニウム合金板用に金型形状を二段ビードから一段ビードに変更することで，図（b）に示すようにビード部と両端のコーナーR部において応力集中が緩和されることが予測でき，アルミニウム合金板に適した金型形状を設計するための指針にできることがわかる。

図3.41に，自動車パネル用6000系合金（Al-Mg-Si系）板のヘム曲げ加工の改善事例（プロセス適正化）についてシミュレーションした結果を示す。ヘム曲げ加工時の割れ防止には，素材耐力の管理や組織制御，プレス加工での加工硬化量の低減などが行われているが，曲げ工程の改良も有効な方法である。ヘム曲げ加工の第1工程（90°曲げ，図3.41上）での内側の曲げ半径R_dの影響を解析で検討した結果，R_dを0.5 mmから2.0 mmと大きくすることで，最終工程（180°曲げ，図3.41下（口絵3））での外側の発生ひずみが67 %から46 %へと低減され，ヘム曲げ加工時で割れなどの不良を改善することを予測することができた[18]。

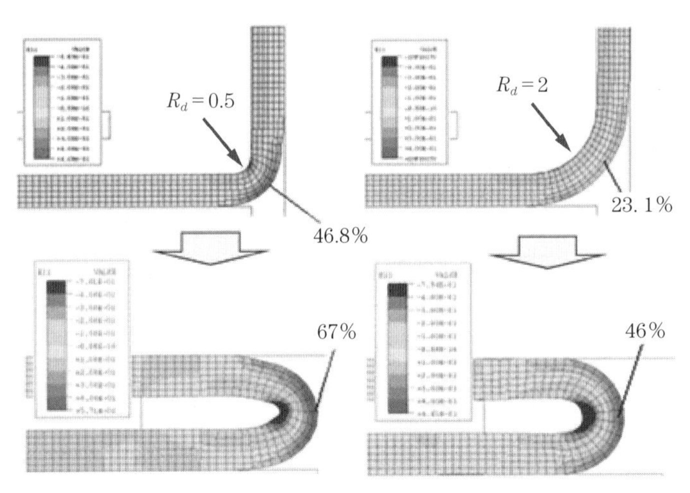

図3.41　アルミニウム合金板のシミュレーションによるヘム曲げ加工改善事例[18]〔口絵3〕

3.4.2　板成形シミュレーションの高精度化のための材料試験方法

試行錯誤（トライ・アンド・エラー）のないものづくりを実現するために，

有限要素法による成形シミュレーションが活用されている。しわ，割れ，スプリングバックなどの成形不具合の予測精度を向上させるためには，解析に用いる材料モデル[20]が，実際の材料の弾塑性変形挙動を可能な限り忠実に再現できる必要がある。そこで，材料モデルの妥当性を実験的に検証する必要がある。実際のプレス加工では材料は多軸応力や反転負荷を受ける。したがって材料モデルの妥当性の実験検証は，それらの応力状態を再現できる材料試験方法に準拠することが望ましい[21]。本項では，高精度な材料モデリングに必須となる材料試験方法について概説する。

〔**1**〕 **等塑性仕事面に基づく材料モデルの作成方法**　Hill ら[22),23)]は，初期降伏曲面ではなく，有限の大きさの塑性ひずみ（プレス成形におけるひずみレベル）を受ける材料の変形挙動を測定し，それに基づいて材料モデルを定式化する方法を提案した。この方法では，等塑性仕事面という概念に基づいて材料モデルを構築する。

等塑性仕事面の測定方法は以下のようである。まず圧延方向単軸引張試験より得られた真応力-対数塑性ひずみ曲線において，規定の対数塑性ひずみ $\varepsilon_0^{\mathrm{p}}$（以下，基準塑性ひずみ）に達した瞬間における単軸引張真応力 σ_0 と，$\varepsilon_0^{\mathrm{p}}$ に達するまでに消費された単位体積当りの塑性仕事 W_0 を求める。つぎに，二軸応力試験および板幅方向単軸引張試験から得られた真応力-対数塑性ひずみ曲線において W_0 と等量の塑性仕事が消費された時点の真応力（σ_x, σ_y）を求め，それらを主応力空間にプロットし，規定の $\varepsilon_0^{\mathrm{p}}$ に対する等塑性仕事面を決定する。$\varepsilon_0^{\mathrm{p}}$ を十分に小さくとれば（例えば $\varepsilon_0^{\mathrm{p}}=0.002$），等塑性仕事面は実用上の初期降伏曲面とみなせる。少なくとも線形応力経路であれば，等塑性仕事面は塑性ポテンシャルとみなせること，すなわちその外向き法線ベクトルは塑性ひずみ速度（以下 $\mathbf{D}^{\mathrm{p}}$）とほぼ一致することが確認されている[24]。

〔**2**〕 **十字形試験片を用いた二軸引張試験方法**　二軸引張試験用の十字形試験片に関してはさまざまな形状が考案されている[25]。**図 3.42** に示す十字形試験片は ISO 16842[26]として国際標準化されており，レーザー加工などにより一枚の金属素板から簡便・安価に製作できる。有限要素解析によれば，図に示

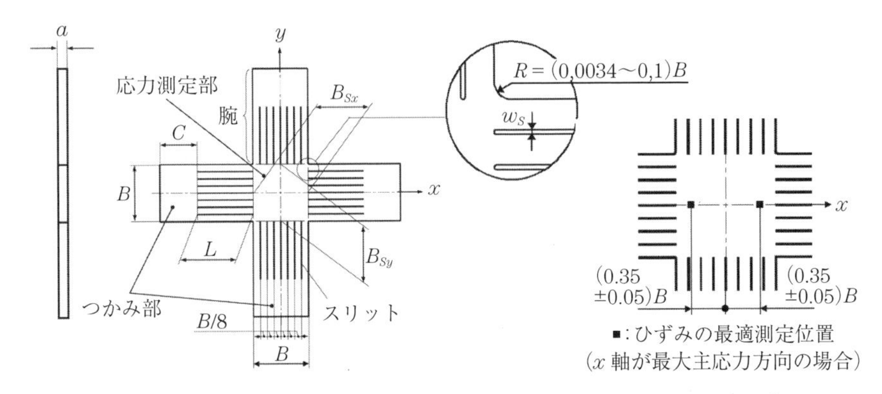

図 3.42 推奨される十字形試験片の形状（30 mm ≦ B, $B \leqq L \leqq 2B$）[26]

す十字形試験片の形状とひずみ測定位置が以下の条件を満足する場合，応力の同定誤差は 2 % 未満である[27),28)]。

① $a \leqq 0.08B$（a：板厚，B：応力測定部の辺長）

② $N \geqq 7$，$L \geqq B$，$w_S \leqq 0.01B$（N：腕部のスリット本数，L：スリット長さ，w_S：スリット幅）

③ $0.0034 \leqq R/B \leqq 0.1$（$R$：腕の付け根の丸味半径）

④ 試験片中心線上の，中心から最大荷重軸方向に（0.35 ± 0.05）B の位置において x 軸および y 軸方向の垂直ひずみ成分を測定する

試験片の腕部が破断した時点で二軸引張試験が終了する。このとき試験片に付与可能な最大相当塑性ひずみ ε^{p}_{max} は材料の機械的性質（加工硬化指数や異方性）やスリット幅に依存するが[27)]，通常の延性金属材料であれば $\varepsilon^{p}_{max} \approx 0.01 \sim 0.05$，SUS304 などの加工硬化指数が 0.5 を超えるような材料で $\varepsilon^{p}_{max} \approx 0.1$ である。

二軸引張試験によるアルミ合金板の等塑性仕事面の測定例およびそれに基づく降伏関数の同定については，文献 21）および 3.4.3 項〔8〕を参照されたい。

〔**3**〕 **二軸バルジ試験方法**　前述のように，十字形試験片で測定できる応力-ひずみ曲線のひずみ範囲は高々 5 % 程度である。金属素板もしくは金属円管が破断するまでの二軸応力試験方法として二軸バルジ試験方法が開発され

た[29]。具体的には，円管試験片に軸力 T と内圧 P を負荷することにより，管軸方向および円周方向真応力（$\sigma_\phi, \sigma_\theta$）を試験片中央部に発生させると同時に，円管試験片中央部における，試験片外表面の円周方向ひずみ ε_θ^s，管軸方向ひずみ ε_ϕ^s，管軸方向曲率半径 R_ϕ を計測する。ひずみの測定方法として，ひずみゲージ[29),30)]，変位計を応用した大ひずみ計[31]，デジタル画像相関法[32]による非接触測定方法がある。さらに T, P, ε_θ^s, ε_ϕ^s, R_ϕ の測定値を入力値として，（σ_ϕ, σ_θ）を計算・制御することができる。金属素板に二軸バルジ試験方法を適用するときは，素板を均等曲げした後，板縁をレーザー溶接して円管試験片を製作する。

二軸バルジ試験方法の特長は，任意の応力経路における，降伏初期から破断に至るまでの円管材の二軸応力-ひずみ曲線が連続測定でき，かつ非線形応力経路における成形限界ひずみや成形限界応力をも実測できる点である。5000系アルミニウム押出し円管材に二軸バルジ試験法を適用し，さまざまな線形応力経路下で破断させて測定された成形限界線および成形限界応力線の測定結果を**図 3.43** に示す。

〔**4**〕 **引張-圧縮組合せ応力試験方法**　　引張-圧縮組合せ応力試験方法[34]は深絞り容器フランジ部の応力状態を再現し，絞り加工における材料の変形特性を定量的に評価するときに役に立つ。試験片形状を**図 3.44**（a）に示す。長手方向に引張力を，幅方向に圧縮力を負荷することにより，引張圧縮組合せ応力場を 60 mm×60 mm の応力測定部に発生させることができる。各軸方向の垂直ひずみ成分の測定には，二軸ひずみゲージを用いる。幅方向に圧縮力を負荷するための治具を図（b）に示す。この治具は二軸引張試験機に組み込んで使用する。下型と上型の間にスペーサーを挟み，下型と上型のすき間を試験片の板厚のおよそ 1.05 倍以下に設定することにより，定すき間方式で試験片の座屈を抑制することができる。

なお，本試験片の長手方向を圧延方向から 45° 方向にとり，応力比 $\sigma_1 : \sigma_3 = 1 : -1$（1 軸および 3 軸はそれぞれ試験片の長手および幅方向）で実験すれば，せん断応力成分 σ_{xy} のみが作用する材料試験（純粋せん断応力試験）が実施できる。

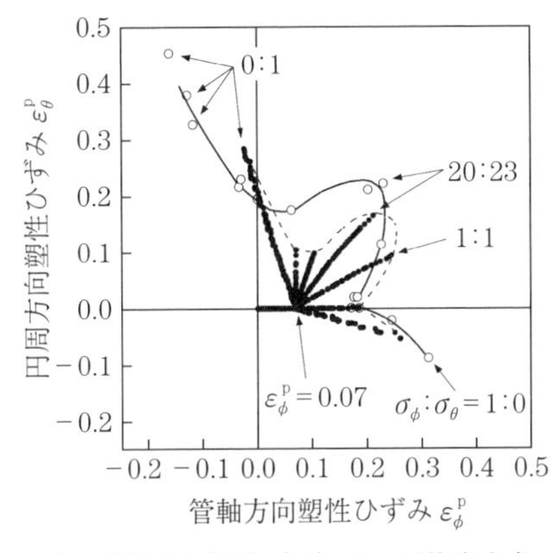

（a） 線形応力経路（○）および複合応力経路（●）における成形限界ひずみ

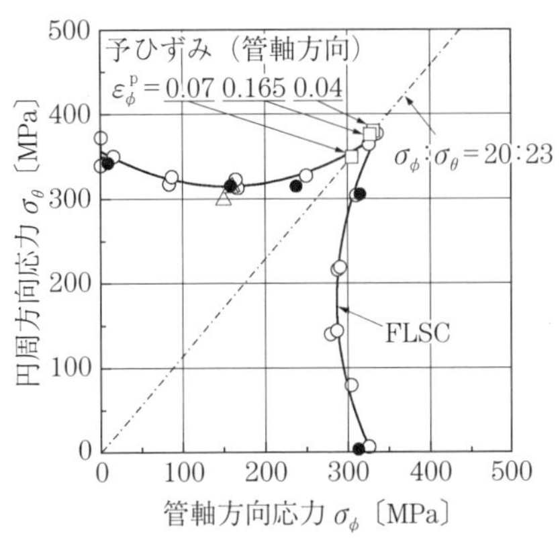

（b） 線形応力経路（○）および複合応力経路（●，△，□）における成形限界応力

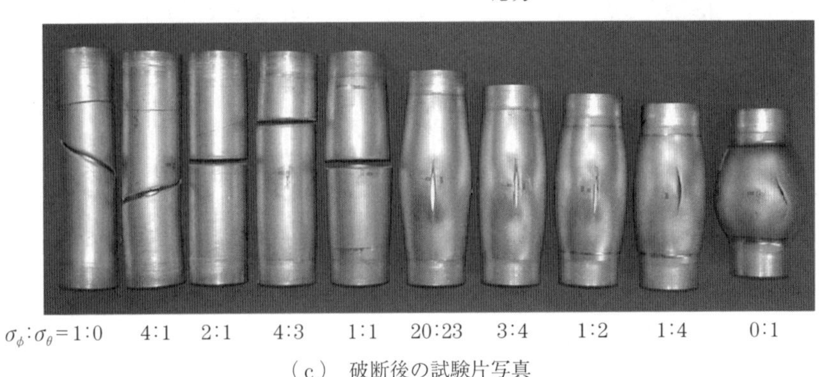

$\sigma_\phi:\sigma_\theta=1:0$　4:1　2:1　4:3　1:1　20:23　3:4　1:2　1:4　0:1

（c） 破断後の試験片写真

図 3.43 5000 系アルミニウム押出し円管材の二軸バルジ試験結果[33)]

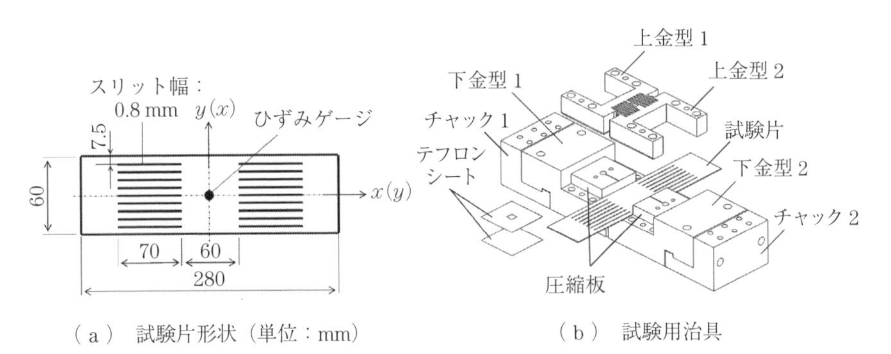

（a） 試験片形状（単位：mm）　（b） 試験用治具

図 3.44 金属板材の引張-圧縮組合せ応力試験[34)]

〔**5**〕 **等塑性仕事面の簡易測定方法**　上記の二軸応力試験法を実施するには専用の試験機が必要である。これに対し，単軸，等二軸および平面ひずみ引張試験から，消費された塑性仕事が等しくなる応力点を測定し，それらを通る多角形を求め，それに内接する曲線をもって等塑性仕事面を決定する簡易試験方法が提案されている（**図 3.45**）[35),36)]。

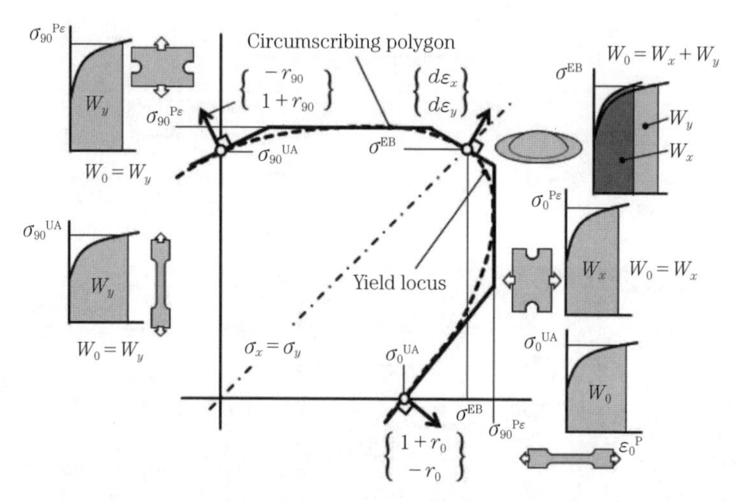

図 3.45　簡易二軸応力試験方法[36)]

〔**6**〕 **その他の材料試験方法**　前項までは，板材の圧延方向と板幅方向にそれぞれ垂直応力 σ_{xx} と σ_{yy} を作用させる材料試験方法について解説した。板材成形では一般にせん断応力成分 σ_{xy} も作用するので，より高精度な材料モデルを構築するためには，σ_{xx}-σ_{yy}-σ_{xy} の応力空間における等塑性仕事面を測定し，それを再現するように材料モデルを決定することが望ましい。σ_{xy} 成分を測定するための材料試験方法および関連文献については文献[24)]を参照されたい。

3.4.3　結晶塑性シミュレーション

結晶塑性モデル（crystal plasticity model）は集合組織（texture）に起因する異方性を予測することができる有望なシミュレーション手法である。近年，有限要素法解析の普及と計算機能力の向上によって結晶塑性を用いた塑性加工解析の研究が増加している。本項では，結晶方位の表示方法から結晶塑性モデルまでを解説する。紙面の都合上，詳細な説明は参考文献を参照されたい。

〔1〕 **すべり系**[37),38)]　金属材料は原子が規則的に配列した結晶が多数集まった多結晶体である。アルミニウムの原子配列は，**図3.46**に示すような面心立方構造である。塑性変形は特定の結晶面の特定の結晶方向へ原子面がずれるすべり変形によってなされる。すべりの起こる面をすべり面，その方向をすべり方向といい，それらの組み合わせをすべり系（slip system）と呼ぶ。Miller指数を用いるとアルミニウムのすべり面は｛111｝面，すべり方向は〈110〉方向である。すべり面は4個あり，それぞれに対して3個のすべり方向があるので，合計12通りのすべり系がある。これらのすべり系がすべり変形することを表した数理モデルが結晶塑性モデルである。

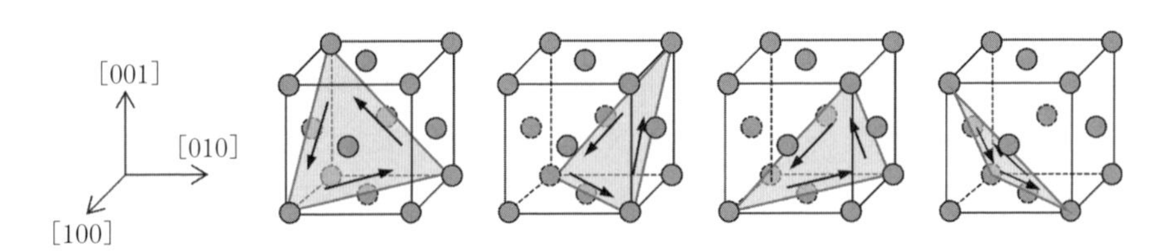

図3.46　面心立方結晶と｛111｝〈110〉の12個のすべり系

〔2〕 **極点図，逆極点図**[38)]　結晶塑性において結晶方位を把握することはとても大切である。極点図（pole figure）は特定の結晶面の向きを表している。**図3.47**（a）のように，圧延方向（RD）-圧延直角方向（TD）-板厚方向（ND）からなる座標系の原点に結晶を配置する。特定の面の単位法線ベクトル$\boldsymbol{a}$と単位半径の球の交点を点Qとする。点Qと南極を結ぶ直線が赤道面と交わる点を点Pとし，この位置によって結晶面の向きを表す。多結晶体に対しては，このような極点が多数測定されるので，図（b）のように密度分布として表される。アルミニウム合金では｛111｝面の極点図を用いることが多い。極点図はランダムな結晶方位の場合で正規化している。つまり，1以上であればランダムな場合よりも多くの結晶が配向している。

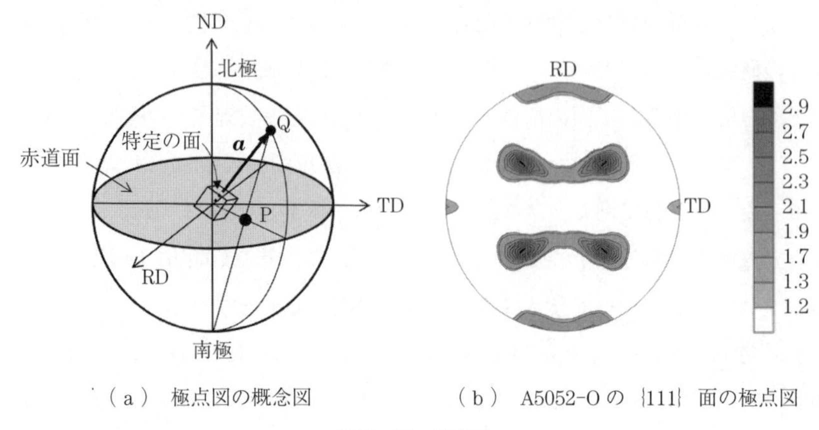

（a） 極点図の概念図　　（b） A5052-O の {111} 面の極点図

図 3.47　極点図

極点図を用いることで統計的な結晶方位の情報である集合組織を表すことができる。圧延工程で copper, brass, S と呼ばれる方位，再結晶工程で cube, Goss と呼ばれる方位に集合組織が発達することが知られている。それぞれの成分に配向した多結晶体を人工的に創製して描いた極点図を**図 3.48** に示す。これを参考にすると，図 3.47 において cube 方位が主要な方位であるとわかる。

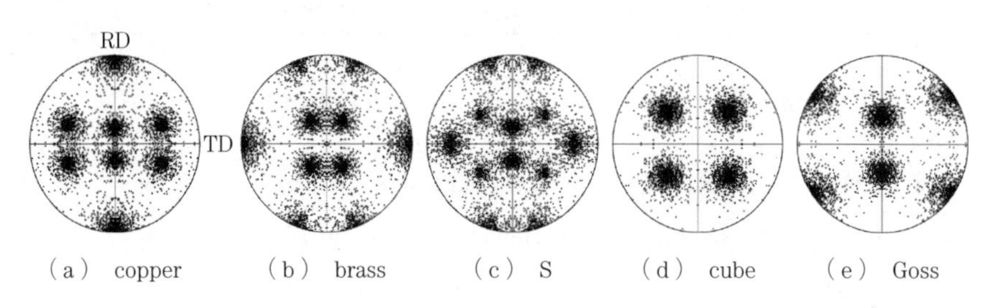

（a） copper　（b） brass　（c） S　（d） cube　（e） Goss

図 3.48　アルミニウム合金板の代表的な集合組織成分の {111} 極点図[39)]

極点図が材料座標を基準として特定の結晶面の向きを表すことに対し，逆極点図（inverse pole figure）は結晶座標を基準として特定の方向の向きを表す。特定の方向として，板厚方向，圧延方向，引張方向などが一般的である。

逆極点図の作図方法は極点図のそれとほぼ同じである。極点図における RD-TD-ND の材料座標を［100］-［010］-［001］の結晶座標に置き換え，結晶面の法線ベクトルを特定の方向のベクトルに置き換える。そして，赤道面上に極点を作成すればよい。立方晶において，［100］,［010］,［001］はそれぞれ可換である。このような対称性が合計24通りある。これらを考慮すると**図3.49**に示すように逆極点図は24個の領域に分割される。結晶方位を表すためには，この内の一つの領域で十分である。そのような領域を単位ステレオ三角形と呼ぶ。**図3.50**にはA5052-Oの逆極点図を示している。［001］のcube方位への集積が確認できる。

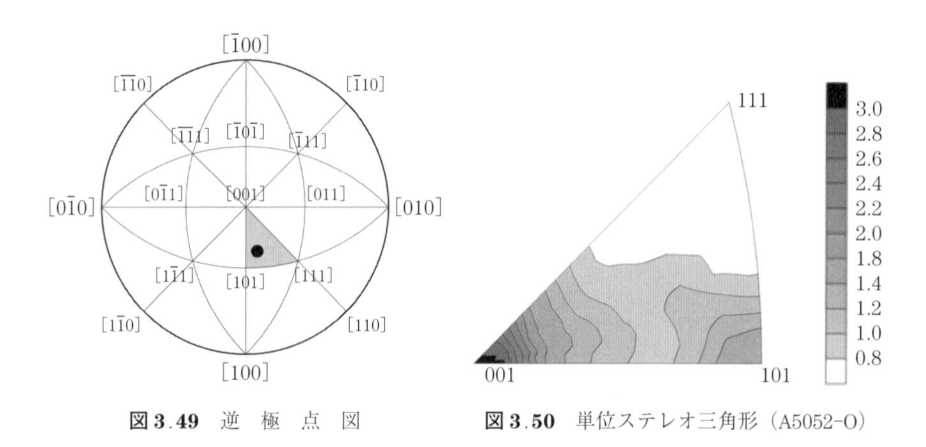

図3.49　逆　極　点　図

図3.50　単位ステレオ三角形（A5052-O）

〔**3**〕　**Euler角，結晶方位分布関数**[38),40)]　Euler角によって材料と結晶方位の関係を表すこともよくある。RD-TD-NDの材料座標と［100］-［010］-［001］の結晶座標を一致させる。その後，**図3.51**に示すように，結晶座標を［001］軸まわりにφ_1だけ回転し，つぎに［100］軸まわりにϕだけ回転し，最後に

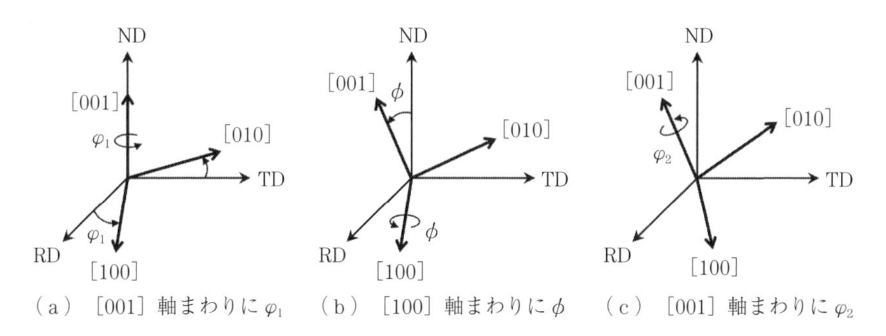

図3.51　BungeのEuler角の定義

［001］軸まわりに φ_2 だけ回転する。この回転角（$\varphi_1, \phi, \varphi_2$）を Bunge の Euler 角という。Euler 角は $0 \leqq \varphi_1,\ \varphi_2 \leqq 2\pi,\ 0 \leqq \phi \leqq \pi$ の範囲である。圧延板に対して直交異方性と立方晶の対称性を考慮すると，独立な Euler 角の範囲は $0 \leqq \varphi_1, \phi, \varphi_2 \leqq \pi/2$ に制限される。

集合組織の表示方法として結晶方位分布関数（ODF：orientation distribution function）がある。X 線や中性子線などによる回折を用いて，複数の結晶面の極密度を測定し，それらより結晶方位分布を解析できる。もしくは，電子後方散乱回折法（EBSD：electron backscatter diffraction）によって結晶方位を測定し，それをもとに結晶方位分布を解析することもできる。

図 3.52 には ODF を示す。φ_2 を 5° 間隔で一定値としたときの結晶方位の強度分布を表している。ランダムな集合組織を基準として正規化した強度を表している。例えば，cube 方位は（$\varphi_1,\ \phi,\ \varphi_2$）＝（0°，0°, 0°）や（45°, 0°, 45°）の位置である。

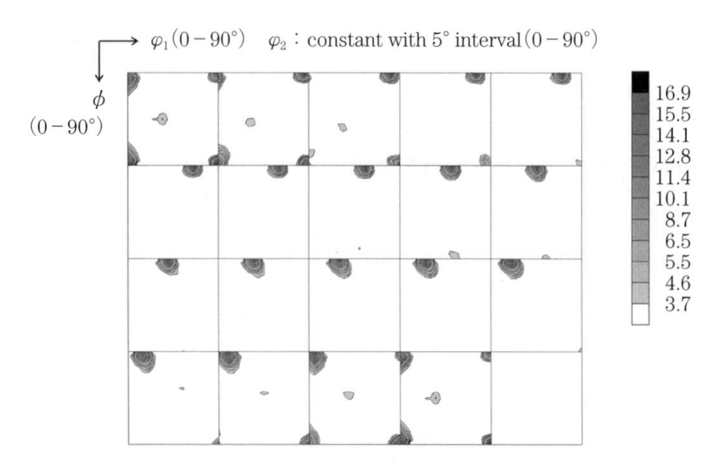

図 3.52　結晶方位分布関数（A5052-O，左上から φ_2＝0, 5, ⋯, 90°）

〔**4**〕 **Schmid 則**　　前項までに結晶方位の表示方法を示した。本項以降では結晶方位をもとに塑性変形を解析する方法を述べる。すべり面のすべり方向に作用するせん断応力を分解せん断応力（resolved shear stress）という。はじめに，引張りを受ける単結晶の丸棒を例にとる。**図 3.53** に示すとおり，横断

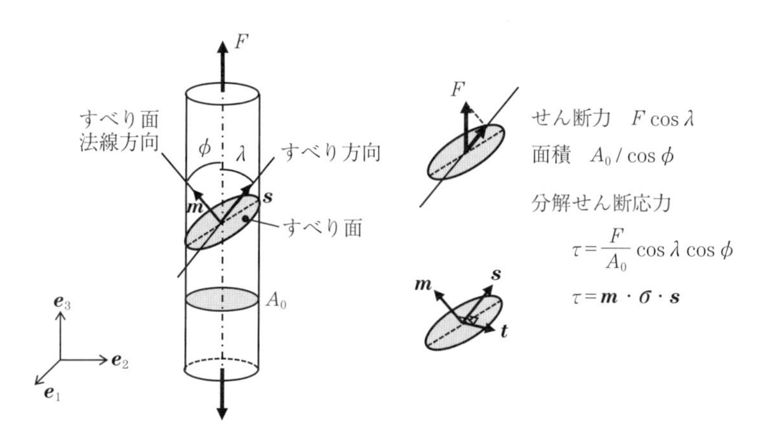

図 3.53 引張りを受ける単結晶の分解せん断応力

面積 A_0 の丸棒に引張力 F が作用している。すべり面の法線は引張軸から ϕ だけ傾き，すべり方向はすべり面内にあり引張軸から λ だけ傾いた方向とする。分解せん断応力は式（3.6）で与えられる。

$$\tau = \sigma \cos\lambda \cos\phi, \qquad \sigma = F/A_0 \tag{3.6}$$

ここで，σ は引張応力であり，$\cos\lambda \cos\phi$ を Schmid 因子と呼ぶ。

分解せん断応力 τ が臨界値 τ_C に達したときにすべり変形が開始するとした条件を Schmid 則といい，式（3.7）によって表すことができる。

$$\tau = \tau_C \qquad \text{または} \qquad f = \tau - \tau_C = 0 \tag{3.7}$$

ここで，臨界値 τ_C は臨界分解せん断応力（critical resolved shear stress）またはすべり抵抗（slip resistance）と呼ばれる。

結晶塑性解析を実施するには，任意の応力状態に対して分解せん断応力を求める必要がある。結晶に作用している応力を $\boldsymbol{\sigma}$ とする。図 3.53 に示すように，すべり方向の単位ベクトルを $\boldsymbol{s}$，すべり面の単位法線ベクトルを $\boldsymbol{m}$，これらに直交する単位ベクトルを $\boldsymbol{t}$ とする。$\boldsymbol{s}$-$\boldsymbol{m}$-$\boldsymbol{t}$ を基底ベクトルとする座標において，分解せん断応力は $\boldsymbol{m}$ 面の $\boldsymbol{s}$ 方向の応力である。$\boldsymbol{e}_1$-$\boldsymbol{e}_2$-$\boldsymbol{e}_3$ を基底ベクトルとする固定座標において $\boldsymbol{e}_i$ 面の $\boldsymbol{e}_j$ 方向の応力が $\sigma_{ij} = \boldsymbol{e}_i \cdot \boldsymbol{\sigma} \cdot \boldsymbol{e}_j$ と与えられることを参考にすると，分解せん断応力は式（3.8）で与えられる。

$$\tau = \boldsymbol{m} \cdot \boldsymbol{\sigma} \cdot \boldsymbol{s} \qquad \text{または} \qquad \tau = m_i \sigma_{ij} s_j \tag{3.8}$$

本項では添字表記されたテンソルは固定座標 $\boldsymbol{e}_i$ に関する成分である。

単一のすべり系だけでなく，N_{slip} 個のすべり系を考慮する場合は，α 番目のすべり系を表すベクトルを $\boldsymbol{m}^{(\alpha)}$，$\boldsymbol{s}^{(\alpha)}$ $(\alpha=1, 2, \cdots, N_{\text{slip}})$ と表す。各すべり系の分解せん断応力は，式（3.9）のように書き表せる。

$$\tau^{(\alpha)}=\boldsymbol{m}^{(\alpha)}\cdot\boldsymbol{\sigma}\cdot\boldsymbol{s}^{(\alpha)} \qquad \text{for } \alpha=1, 2, \cdots, N_{\text{slip}} \tag{3.9}$$

このようにして任意の応力が作用しているときの N_{slip} 個のすべり系の分解せん断応力が求められる。各すべり系の臨界分解せん断応力を $\tau_C^{(\alpha)}$ と表せば，各すべり系の Schmid 則は式（3.10）で書ける。

$$\tau^{(\alpha)}=\tau_C^{(\alpha)} \qquad \text{または} \qquad f=\tau^{(\alpha)}-\tau_C^{(\alpha)}=0 \qquad \text{for } \alpha=1, 2, \cdots, N_{\text{slip}} \tag{3.10}$$

〔5〕 すべり速度とひずみ速度　結晶のすべり変形について説明する。はじめに固定座標 $\boldsymbol{e}_i$ に関する単純せん断変形を考える。**図 3.54** のように高さ h の物体の上面が $\boldsymbol{e}_1$ 方向に u だけ変位を受けるとき，工学せん断ひずみは $\gamma=u/h$ である。$\boldsymbol{e}_1$ 方向の変位の $\boldsymbol{e}_2$ 方向の勾配は u/h であり，それ以外の変位勾配は 0 である。変位勾配は式（3.11）のように書ける。

$$\frac{\partial \boldsymbol{u}}{\partial \boldsymbol{x}}=\gamma\boldsymbol{e}_1\otimes\boldsymbol{e}_2 \qquad \text{または} \qquad \frac{\partial u_1}{\partial x_2}=\gamma, \qquad \frac{\partial u_i}{\partial x_j}=0 \quad \text{for others} \tag{3.11}$$

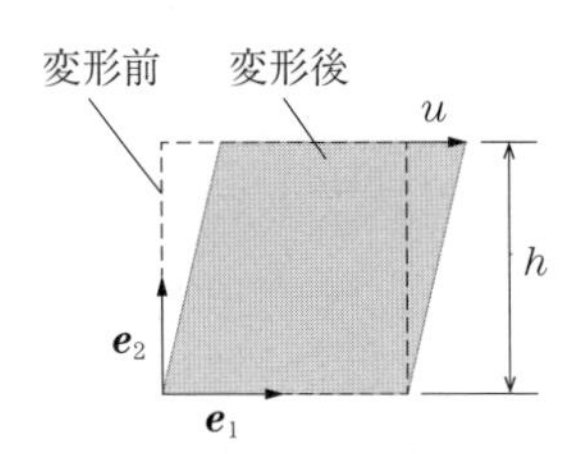

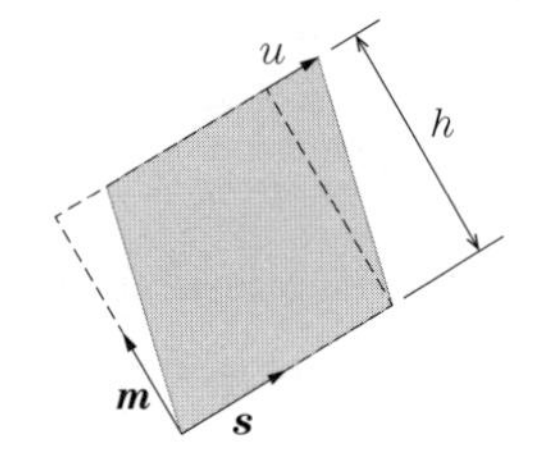

図 3.54　単純せん断変形における変位勾配

つぎに，$\boldsymbol{e}_1$ をすべり方向 $\boldsymbol{s}$，$\boldsymbol{e}_2$ はすべり面法線方向 $\boldsymbol{m}$ とみなす。$\boldsymbol{s}$ と $\boldsymbol{m}$ を用いると変位勾配は式（3.12）のように書くことができる。

$$\frac{\partial \boldsymbol{u}}{\partial \boldsymbol{x}}=\gamma\boldsymbol{s}\otimes\boldsymbol{m} \qquad \text{または} \qquad \frac{\partial u_i}{\partial x_j}=\gamma s_i m_j \tag{3.12}$$

図 3.54 の右図に示すように，すべり系が任意の向きであっても，$\boldsymbol{s}$, $\boldsymbol{m}$ を用

いれば式（3.12）によって変位勾配を表すことができるので都合がよい。

塑性変形は速度形（増分形）の表記が適している。そこで，変位を速度に置き換えると，せん断ひずみ速度 $\dot{\gamma}$ による単純せん断変形の速度勾配（velocity gradient）は式（3.13）のように書き表せる。

$$\boldsymbol{L}^{\mathrm{p}} = \frac{\partial \boldsymbol{v}}{\partial \boldsymbol{x}} = \dot{\gamma}\boldsymbol{s} \otimes \boldsymbol{m} \tag{3.13}$$

ここで，塑性変形に関連する速度勾配のため塑性速度勾配 $\boldsymbol{L}^{\mathrm{p}}$ とした。

α 番目のすべり系の活動による塑性速度勾配を $\dot{\gamma}^{(\alpha)}\boldsymbol{s}^{(\alpha)} \otimes \boldsymbol{m}^{(\alpha)}$ と表す。N_{slip} 個のすべり系が活動する場合は，それぞれの塑性速度勾配を重ね合わせればよい。

$$\boldsymbol{L}^{\mathrm{p}} = \sum_{\alpha=1}^{N_{\mathrm{slip}}} \dot{\gamma}^{(\alpha)}\boldsymbol{s}^{(\alpha)} \otimes \boldsymbol{m}^{(\alpha)} \tag{3.14}$$

塑性ひずみ速度 $\boldsymbol{D}^{\mathrm{p}}$ は塑性速度勾配の対称成分なので式（3.15）のように書ける。

$$\boldsymbol{D}^{\mathrm{p}} = \sum_{\alpha=1}^{N_{\mathrm{slip}}} \frac{1}{2}\dot{\gamma}^{(\alpha)}(\boldsymbol{s}^{(\alpha)} \otimes \boldsymbol{m}^{(\alpha)} + \boldsymbol{m}^{(\alpha)} \otimes \boldsymbol{s}^{(\alpha)}) \tag{3.15}$$

$\boldsymbol{s}^{(\alpha)}$，$\boldsymbol{m}^{(\alpha)}$ は結晶方位の測定結果より求めることができるので，すべり速度 $\dot{\gamma}^{(\alpha)}$ がわかれば塑性ひずみ速度を求めることができる。

すべり速度 $\dot{\gamma}^{(\alpha)}$ は粘塑性モデル（viscoplastic model）を用いて表されることが多い。べき乗型のクリープ則を適用し，式（3.16）のようにすべり速度を与える。

$$\dot{\gamma}^{(\alpha)} = \dot{\gamma}_0 \,\mathrm{sgn}(\tau^{(\alpha)}) \left| \frac{\tau^{(\alpha)}}{\tau_C^{(\alpha)}} \right|^{\frac{1}{m}} \tag{3.16}$$

ここで，$x \geqq 0$ において $\mathrm{sgn}(x) = 1$，$x < 0$ において $\mathrm{sgn}(x) = -1$ である。$\dot{\gamma}_0$ は基準すべり速度，m はひずみ速度感受性指数である。分解せん断応力がわかれば，式（3.16）によってすべり速度を決定できる。室温において金属のひずみ速度感受性指数は $0 \leqq m \leqq 0.02$ 程度であり，$1/m$ は 50 以上となる。$|\tau^{(\alpha)}/\tau_C^{(\alpha)}|$ が 1 より有意に小さければ，すべり速度は 0 に漸近する。一方，$|\tau^{(\alpha)}/\tau_C^{(\alpha)}| \approx 1$ の場合は，有意なすべり速度が生じる。

〔**6**〕 **すべり抵抗の発展則**　　金属は塑性変形によって加工硬化する。この現象は結晶塑性においては，すべり系の活動によってすべり抵抗 $\tau_C^{(\alpha)}$ が増加すると解釈できる。形式的に式（3.17）のように書き表せる。

$$\dot{\tau}_C^{(\alpha)} = \sum_{\beta=1}^{N_{\mathrm{slip}}} h^{\alpha\beta} \left|\dot{\gamma}^{(\beta)}\right| \tag{3.17}$$

ここで，$h^{\alpha\beta}$ は硬化係数行列と呼ばれ，すべり系 β の活動によるすべり系 α の硬化の度合いを表している。すなわち，$h^{\alpha\beta}$ の定式化が，結晶の加工硬化を決める重要な役割を担っている。

アルミニウム合金では，{111}　<110>の 12 すべり系に対して，$h^{\alpha\beta}$ を以下のように決めることが多い。

$$h^{\alpha\beta} = h \begin{bmatrix} A & qA & qA & qA \\ qA & A & qA & qA \\ qA & qA & A & qA \\ qA & qA & qA & A \end{bmatrix}, \qquad A = \begin{bmatrix} 1 & 1 & 1 \\ 1 & 1 & 1 \\ 1 & 1 & 1 \end{bmatrix} \tag{3.18}$$

ここで，h は硬化率，$h^{\alpha\beta}$ は 12×12 の行列，A はすべての成分が 1 である 3×3 の行列である。1 ～ 3 行目（1 ～ 3 列目）はすべり面が同じ 3 個のすべり系を表す。4 ～ 6，7 ～ 9，10 ～ 12 行目も同様である。$h^{\alpha\beta}$ はすべり系 α と β が共面である場合は h，非共面の場合は qh である。q は潜在硬化係数（latent hardening coefficient）と呼ばれる係数である。

硬化率 h の定式は種々の方法がある。例えば，n 乗硬化則をあてはめると

$$h = h_0\left(1 + \frac{h_0\gamma_A}{\tau_0 n}\right)^{n-1}, \qquad \gamma_A = \int_0^t \dot{\gamma}_A dt, \qquad \dot{\gamma}_A = \sum_{\alpha=1}^{N_{\mathrm{slip}}} \left|\dot{\gamma}^{(\alpha)}\right| \tag{3.19}$$

ここで，τ_0 はすべり抵抗の初期値，h_0 は初期硬化率，n は加工硬化指数である。γ_A はすべり速度の絶対値の総和である。

転位密度を用いてすべり抵抗を表す硬化則もしばしば使われる。

$$\tau_C^{(\alpha)} = \theta + a\mu b\sqrt{\sum_{\beta} A^{\alpha\beta}\rho^{(\beta)}} \tag{3.20}$$

ここで，θは格子摩擦等に関連する抵抗，aは材料定数で0.2～0.5程度の値をとる。μはせん断弾性係数，bはBurgersベクトルの大きさ，$\rho^{(\beta)}$はすべり系βに関連した転位密度，$A^{\alpha\beta}$は転位の相互作用の強度を表す行列である。

転位密度を用いた硬化則においては，すべり抵抗の発展則ではなく転位密度の発展則を規定する。Kocks-Mecking型と呼ばれる式（3.21）が適用される。

$$\dot{\rho}^{(\alpha)} = \frac{1}{b}\left(\frac{\sqrt{\sum_{\beta} B^{\alpha\beta}\rho^{(\beta)}}}{k_1} - k_2\,\rho^{(\alpha)}\right)|\dot{\gamma}^{(\alpha)}| \tag{3.21}$$

ここで，k_1, k_2は材料定数である。$B^{\alpha\beta}$は転位の相互作用行列である。括弧内の第1項は転位の自由飛行工程に関する項で転位の生成，第2項は回復に関する項であり転位の消滅に関係する。

〔**7**〕 **多結晶体の解析方法**　多結晶体の塑性変形の解析方法で直観的にわかりやすいのは，結晶粒を有限要素で表して解析する方法である。この方法はつぎの〔8〕に示すような材料特性を解析する数値実験には適している。しかし，結晶粒径が数十μmで部品寸法がmmオーダーであるため，計算機の能力上，部品の塑性加工解析は困難である。

多結晶体の塑性変形を近似的に求め，それを有限要素の積分点に与える方法を適用することが多い。単純かつ頻繁に用いられる方法は，結晶粒が受けるひずみは多結晶体の巨視的ひずみと等しいと仮定したTaylorモデルである。この方法は結晶粒間の連続性は満足するが，力のつり合いは満たさない。Eshelbyの楕円介在物問題を援用した各種self-consistentモデルを用いることもある[41),42)]。多結晶体と同じ挙動を示す仮想的なマトリックスに楕円体の結晶粒を埋め込んで相互作用を計算する。非線形な塑性の問題に線形問題の解法を適用するので，線形化の方法によって種々の解があることに注意が必要である。その他，Alamelモデルという二つ結晶を考慮したモデル[43)]や8結晶粒のクラスターを考慮したRGCモデル[44)]がある。

〔**8**〕 **結晶塑性モデルを用いた数値材料試験**　有限要素法に結晶塑性モデルを組み込んだ数値実験によってA5052-O板の力学的特性を解析した結果を

図 3.55 に示す。一つの要素に一つの結晶方位を割り当てて，1 728 個の結晶方位を考慮した。結晶塑性解析では結晶方位の測定結果と圧延方向の応力-ひずみ曲線を用いて硬化則の係数を決定した。まず，単軸引張を負荷したときの R 値は，結晶塑性モデルによって実験の傾向を再現できている。実験値との差は最大でも 0.1 程度である。つぎに，二軸引張を負荷したときの等塑性仕事面は，等二軸引張付近で多少の差異はあるものの，実験値とおおむね一致する挙動を予測できている。なお，等塑性仕事面の概念は 3.4.2 項〔1〕を参照されたい。このように結晶塑性モデルを使用すると，集合組織に起因する材料の異方性を予測することができる。

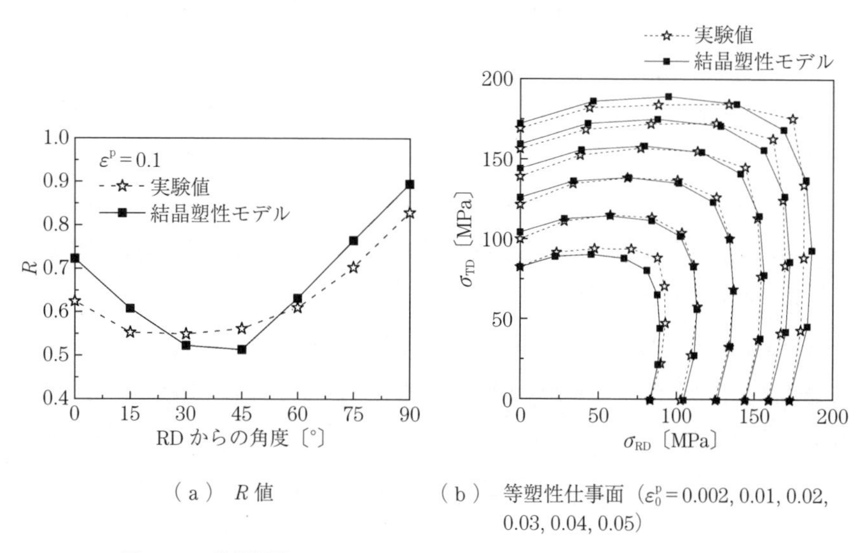

（a） R 値　　（b） 等塑性仕事面（ε_0^p = 0.002, 0.01, 0.02, 0.03, 0.04, 0.05）

図 3.55　結晶塑性モデルによる A5052-O 板の力学的特性の解析結果

〔9〕 結晶塑性モデルを用いた成形シミュレーション　結晶塑性を用いた成形シミュレーション事例として，円筒深絞り加工のシミュレーション結果を示す。Al-Mg-Si 合金板を円筒深絞りしたときのカップ縁高さの分布を**図 3.56** に示す。実験結果に加えて，結晶塑性モデルと Yld2004-18p 降伏関数 [45] を使用した解析結果を図示する。前の〔8〕と同様に，結晶塑性モデルでは集合組織の測定結果と圧延方向の単軸引張試験結果のみを利用し，一つの積分点に一

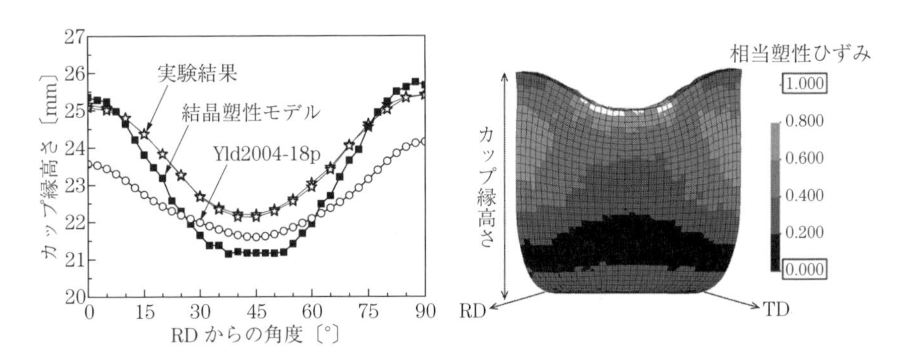

図 3.56 結晶塑性モデルによる円筒深絞り加工のシミュレーション結果

つの結晶方位を割り当てた。Yld2004-18p では，圧延方向から圧延直角方向まで 15° 間隔で 7 方向の単軸引張試験結果および等二軸引張試験結果を用いて異方性係数および硬化則の係数を決定した。結晶塑性モデル，Yld2004-18p ともに実験の傾向を予測できている。結晶塑性は集合組織の測定が必要であるものの，多数の引張試験が不要であることが大きな利点である。

4. アルミニウムの押出し加工

4.1 押出し加工の基礎

4.1.1 押出し加工とは

押出し加工法は，中空円筒状のコンテナーと呼ばれる容器に入れた素材（ビレット）を加熱・加圧して，コンテナーの一端に設けた所望の孔形状を有するダイスを通して材料を流出させ，棒，形，管材などさまざまな断面形状の製品を成形する塑性加工法の一つである。

押出し加工の特徴は，1段の変形で複雑な断面の製品が得られるため，設計の自由度が高く，合理的な断面設計が可能であり，機械仕上げ加工を省略もしくは最小限に減らす高い寸法精度の加工ができることである。また，ダイスのみを交換して1本のビレットごとに製品形状を変えることが可能な多品種少量生産に対応しうるプロセスである。特に，アルミニウム合金の加工に関していえば，無潤滑のまま複雑な断面形状の中空製品の押出し加工ができる固有の変形能を有し，速やかに鋳造組織から微細な加工組織に成形できる。これらの特徴を活かして，押出し加工はアルミサッシなどの建築用構造部材の製造方法として重要な位置を占めるに至ってきた。

さらに近年では，アルミニウムなどの軽量化材料の特徴の一つである比強度の高さから，建築用押出し形材以外にも自動車をはじめ，鉄道車両や航空機などの輸送機器分野での軽量・強度部材として，また家電分野での放熱性部品といったように広い分野における商品へその用途が拡大されており，押出し加工はアルミニウム産業の中核を占めるようになっている。このような時代の要請に応えるために，製品品質の高度化やコスト低減に対する要求は急速に増大しており，材料，プロセスあるいは製造技術などさまざまな角度から変革が進められている。

4.1.2 押出し加工の原理

押出し加工は，ビレットに加わる応力状態やひずみの状態，押出し方向，潤滑状態などによって被加工材の変形形態や力学的あるいは金属学的特性が異なるためその呼称はさまざまである。最近の製品の多様化・高品質化の要請に応えるためには，製品の形状と材質に適応した押出し加工法を選択し，割れのような製品欠陥や工具破損が発生しないような加工条件を設定することが重要である。

押出し加工法を大別すると，アルミニウムやマグネシウムなどの加工に広く活用されている直接押出し加工と間接押出し加工に分類できる。そのほかには，押出しの理想型とされる静水圧押出し加工などがある。ここでは，広く工業的に活用される直接押出し加工，間接押出し加工，静水圧押出し加工についてその原理とメタルフローを**図 4.1** に示す。

〔**1**〕 **直接押出しと間接押出し**　直接押出し加工は，アルミニウム合金，銅合金をはじめとする多くの工業材料の加工法として広く活用されている最も基本的な押出し加工法である。

この加工法では，コンテナーに装填されたビレットはダミーブロック（押板）を介してステムで加圧され，ビレットおよびステムはコンテナー内を加圧方向へ移動し，押出し形材もダイスを介して加圧方向へ成形される。押出しの進行とともにビレットがコンテナー内を移動するために，コンテナー内壁とビレット外周との間に大きな摩擦抵抗が発生し，発熱による温度上昇を引き起こす。したがって，ビレット外周部の流動が中心部より遅れる傾向を示し，ダイス近傍にデッドメタル領域が形成される。そのため，メタルフローは安定しにくく，押出し形材の寸法精度の点で問題が生じやすい。また，1回の押出しが終

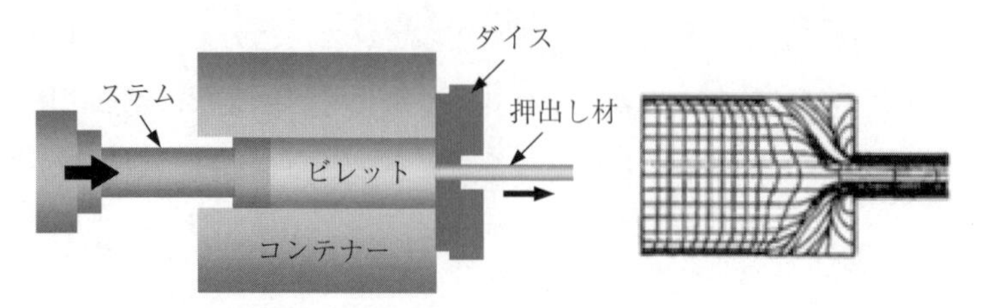

（a）　直接押出しの原理とメタルフロー

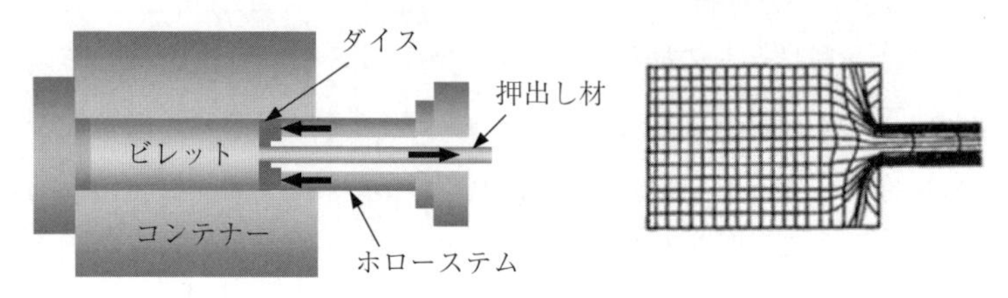

（b）　間接押出しの原理とメタルフロー

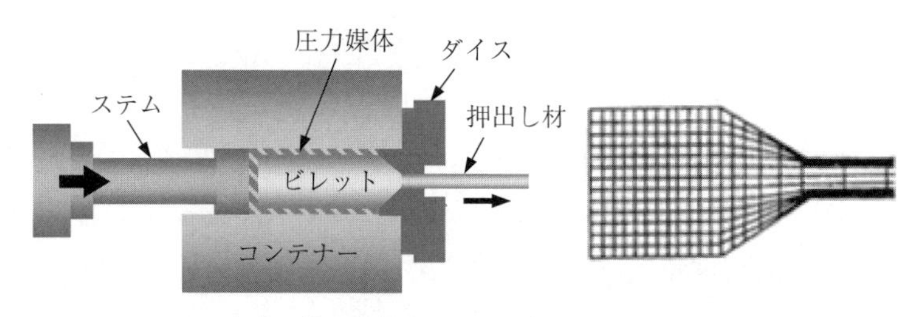

（c）　静水圧押出しの原理とメタルフロー

図 4.1　押出し加工法の原理とメタルフロー

了後，ビレットをコンテナー内へ順次押し継ぎすることができるため，半連続押出しが可能である。

間接押出し加工は，ホローステム先端に取り付けられたダイス自身がコンテナー内に押し込まれ，ステムの進行方向と製品の進行方向が逆になる。言い換えれば，コンテナーとビレットが一体となって移動するため，コンテナー内壁とビレット外周との間には直接押出しのようなすべりによる摩擦が発生せず，**図 4.2**[1]に示すように，ダイス近傍の材料のみがダイス出口に向かって絶えず連続的に流動し，残りの部分は非変形状態のままである。したがって，押出し材の全長にわたって安定したメタルフローとなる。

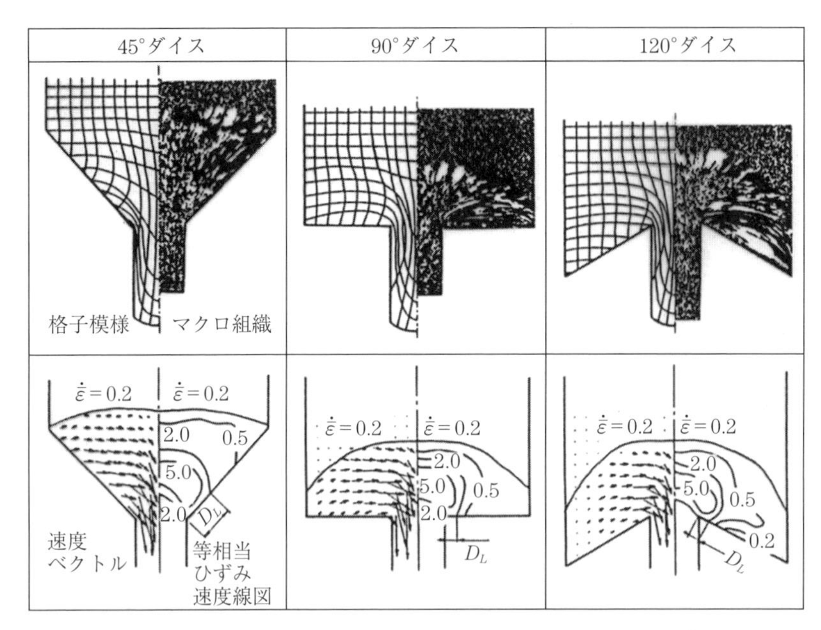

図 4.2 間接押出し加工におけるダイス近傍のメタルフロー[1)]

図 4.3[2)]は温度変化や寸法精度を押出し方法の違いによって比較した結果を示す。直接押出し加工では，間接押出し加工に比べて，押出し初期と終期で温度の上昇と押出し材の寸法差が大きくなっている。このおもな原因は，コンテナー内壁とビレット表面との間の大きな摩擦抵抗と発熱による温度上昇である。これらの問題に対して，実操業では押出し速度の可変やビレットのテーパー加熱で対応している。

図 4.4[3)]は押出し加工中の押出し圧力の変化を示す。直接押出し加工では，ステムの移動によって押出し圧力が徐々に減少する。これは，押出しの進行とともにビレット長さが短くなり，コンテナー内壁とビレット外周との間の摩擦抵抗が減少するためで，全体の力の約 30 % 程度が摩擦損失として費やされる。これに対して，間接押出し加工では，先に述べたように摩擦の影響がなく，押出し圧力はほぼ一定に推移するため，押出し力量をすべて有効に押出しに活用できる利点がある。したがって，直接押出し加工よりもビレット温度を低く設定することができるので，高速押出しにおいても割れや焼付きなどの押出し欠

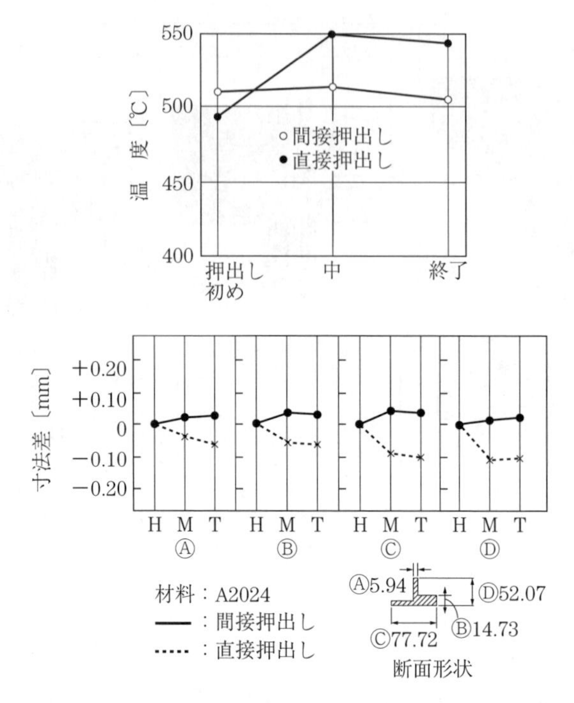

図 4.3　押出し方法が温度変化と寸法精度に及ぼす影響 [2)]

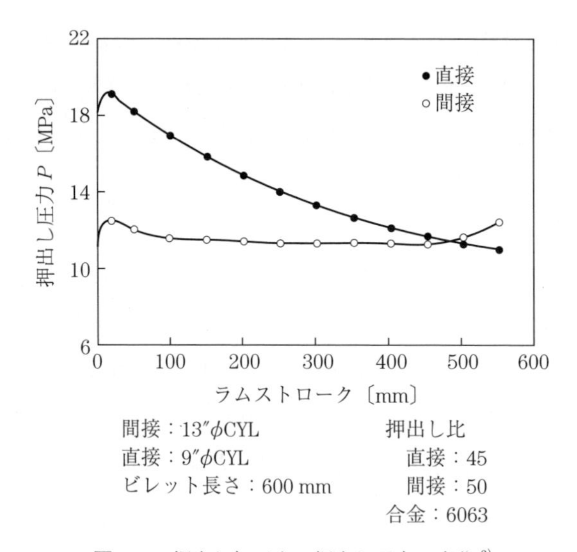

図 4.4　押出し加工中の押出し圧力の変化 [3)]

陥を生ずることなく，安定な品質の製品を得ることができる。そのため，おもに高力アルミニウム合金の押出し加工に適用されている。

しかしながら，間接押出し加工では，**図 4.5**[4]に示すようにビレット表皮層やコンテナー内面とビレット外周の間に介在する空気や異物が押出し材表層に流出し，押出し材表面に欠陥を生じさせる。また，コンテナー内のダイスの摺動を滑らかにするために，コンテナーとダイスのクリアランスを大きめに設定するので，ダイスの偏心によってビレット表皮層がコンテナー内壁に残留する場合もある。これらを防止する方法として，押出し前のビレットの外皮除去が不可欠であり，その他，ビレットのテーパー加熱やコンテナーの内壁の入念なクリーニング（かす取り）も必要となる。

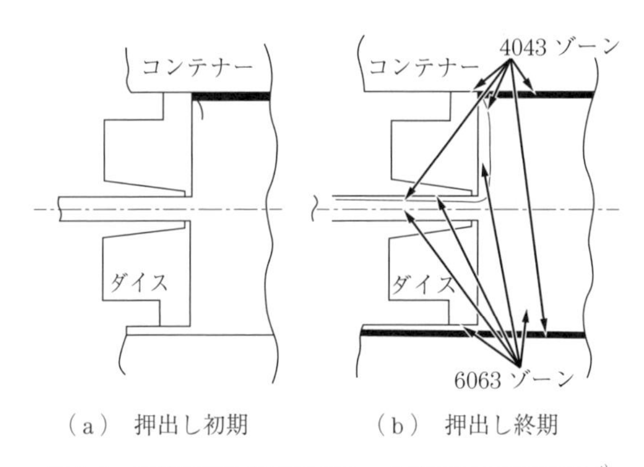

図 4.5 間接押出し加工のビレット表皮層の流出挙動[4]
（ワイヤ巻付けビレットを使用）

さらには，間接押出し加工では押出し材がホローステムの中を通って押し出されるために，押出し材の最大製品外接円はステムの内径と強度によって制限を受け，直接押出し加工に比べて，大きな断面形状の形材の押出しが困難であるなどの欠点も指摘されている。

〔2〕 静水圧押出し　　静水圧押出し加工の特徴は，ビレットとステムが直接接触する直接押出しと異なり，ビレットと押出し工具との間に介在する圧力媒体により，間接的に押出し圧力が負荷されることである。このため，ビレットとコンテナー間の摩擦がほとんどなく，ビレットとダイス間の摩擦も直接押

出しに比較すれば大幅に小さくすることができる。この結果，摩擦による発熱がないために，大きな押出し比の加工や，従来の熱間押出しよりも低温での押出しが可能となる。また，静水圧による加工材の延性増大効果が図られるため，脆性材料，複合材料，粉末合金，難加工材料，異形材料など，これまで加工が困難であった各種先端材料の製造を可能にしている。しかしながら，このような長所的特徴の反面，圧力媒体を使用するためにサイクルタイムが大きくなることや押し継ぎが困難になること，円錐ダイスを用いることによるビレット先端の口付け加工の煩雑さなどの短所的要因が，直接押出しや間接押出しに比較して，今一歩実用化を妨げている。

4.1.3　押出し性を支配する因子

押出し加工がアルミニウム合金を中心とした加工分野で主要な位置を占めるに至った要因の一つは，あらゆる角度から生産性を追求し，精密押出しから大型押出しまで多様なニーズに対応して技術水準を高めてきた結果である。

図 4.6[5)] に押出し操業上問題となる影響因子を示す。これらのビレット，押出し技術（プロセス），押出し金型に起因する影響因子が単独で作用することはなく，複雑に絡み合い相互に作用しながら押出し形材を形成していく。そのためには，ビレット品質や金型構造，押出し温度や押出し比などを正しく選択

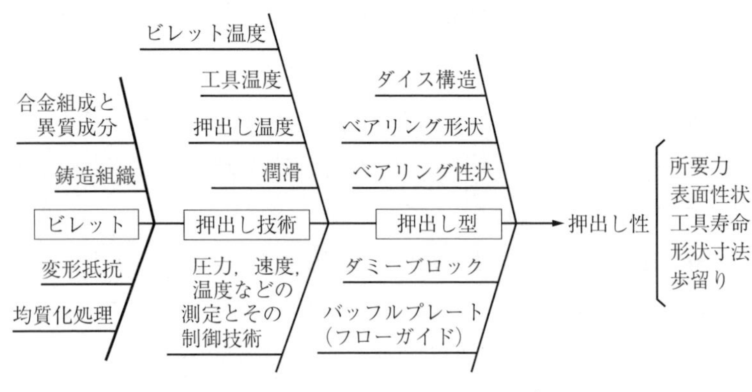

図 4.6　押出し性を支配する因子[5)]

することが重要である。これらの影響因子の中でも，特にダイスを中心とした押出し金型の良否は，押出し材の品質と生産性を支配する第1因子といっても過言ではなく，押出し金型の設計と製作が占める割合は非常に大きい。

最近では，コンピューター技術の発達によって，押出し型設計や製作にパソコンレベルで型内におけるメタルフローの挙動と型構造の関係をシミュレーションすることも可能となっている。

押出し技術についていえば，押出し加工中の変形仕事や摩擦仕事の大部分は熱エネルギーに変換されるため，押出し加工中の温度管理は，ダイス出口での温度差などが原因で発生する曲がりや，押出し材表面あるいは内部の欠陥，寸法精度，機械的特性などにも大きな影響を及ぼす重要な要因となる。

ビレットに関していえば，自動車をはじめ鉄道車両，航空機などの輸送関連分野における構造用部材や機能部品として押出し形材の需要が高まっている中で，組織制御による材質の改良やビレット製造技術の開発などによって，新合金の開発などが進められている。例えば，代表的な航空機用材料である2024-T3511と同等の強度と高耐食性を有するAl-0.8Si-1Mg-1.7Cu-0.15Cr合金は，A2024では工業的に不可能とされていたポートホール押出し加工が可能であり，航空機用部材などの構造一体化によって大幅なコスト低減の実現が可能となっている。

押出し性は，形材の断面形状，要求される表面品質，寸法精度などによっても大きく左右される。したがって，これらの影響因子を十分に考慮して断面形状を設計することが重要となる。断面の肉厚が薄くなればなるほど，また非対称で複雑化した断面形状の形材ほど押出しは困難となる。この目安の一つとなるのが下記に示す難易度ファクター[3]である。

$$\text{難易度ファクター}=\frac{\text{形材断面の全周長〔mm〕}}{\text{形材の単重〔kg/m〕}}$$

また，形材の大きさを示す値として**図4.7**[6]に示すような最大外接円（形材の断面形状を完全に包む最小内径）が使われる。一般に最大外接円が大きいほど肉厚が厚くなる傾向にある。

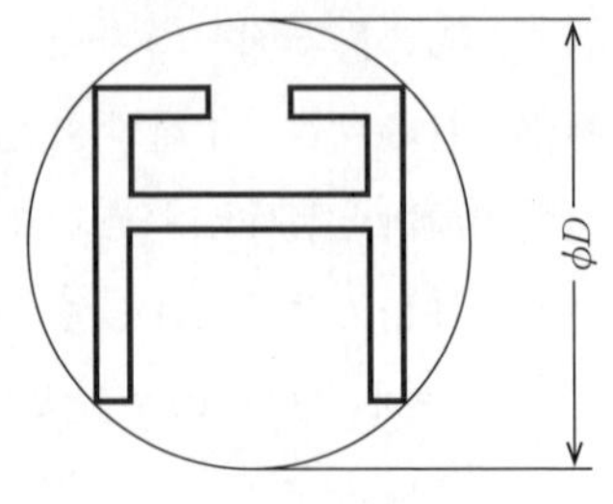

図 4.7　最 大 外 接 円[6)]

4.1.4　金型設計の基礎

押出し形材を断面形状から分類すると，**図 4.8**[6)]に示すようにソリッド，ホロー，セミホローの 3 種類に大別される，先にも述べたように，押出しダイスを中心とした押出し金型の設計は，押出し材の良否を決定する最重要因子といっても過言ではなく，製品品質に影響を与える因子などを考慮した上で適切に行う必要がある。

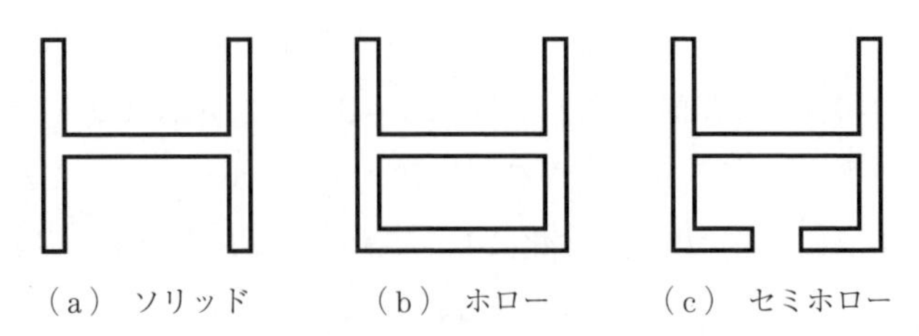

図 4.8　押出し形材の分類[6)]

押出し金型設計には

（1）　メタルフローの制御

（2）　押出し材断面形状および寸法精度の安定

（3）　押出し材表面品質の適正化

の三つの基本的特性を満足するように，以下の項目について検討される。

①　孔数およびその配置，ダイスタイプ，寸法

②　押出し材断面寸法に対する収縮

③　押出し加工中のダイスの変形

④　メタルフロー，表面品質を考慮したベアリング長さ

⑤ ダイス強度（構造強度，部分的強度）

以上はソリッドダイスを中心とした検討項目であるが，ホローダイスの場合には，さらに下記の検討項目が加わる。

⑥ ポート部の大きさ，形状，深さ，配置，個数の決定

⑦ マンドレル部あるいはブリッジ部の形状，寸法の決定

このようにダイス設計にはさまざまな検討項目が存在しているため，従来の経験則，試行錯誤的修正に依存した状況から脱却し，数値シミュレーションを有効に活用する技術体系化を進めることが肝要である。

〔1〕 ソリッドダイス　　ソリッドダイスは，**図4.9**[6]に示すように押出し形材の断面と同じ形状の開孔部をもつ単体のダイスである。ステム（押し棒）からの加圧によりビレットがダイスに押しつけられて開孔部を通過することで所定の断面形状の押出し形材が直接成形されるので，メタルフローは比較的単純である。市販の建築用押出し形材などでは従来のように経験則によるダイス設計で需要に対応できているが，自動車部品・機械構造部品へも適用拡大を図るためには，強度・寸法精度・生産性・納期といった強い要求に応えることが必要であり，現場技術の積み上げによる経験則だけでは困難になってきている。

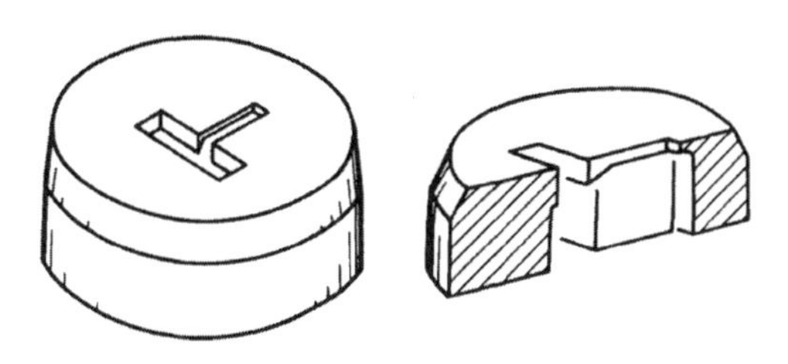

図4.9 ソリッドダイス[6]

図4.10[7]にソリッドダイスの断面形状を示す。図のような厚肉部と薄肉部を有する断面形状の押出し形材では，薄肉部に対して厚肉部へメタルが流れやすくなり，メタルの流速差によって必要とする形状の成形が困難となる。そのため，押出し形状を整形するベアリングと呼ばれる部位の角度や長さの調節によって，肉厚差によるメタルの流動抵抗を制御し，押出し形材の寸法精度を確保する。

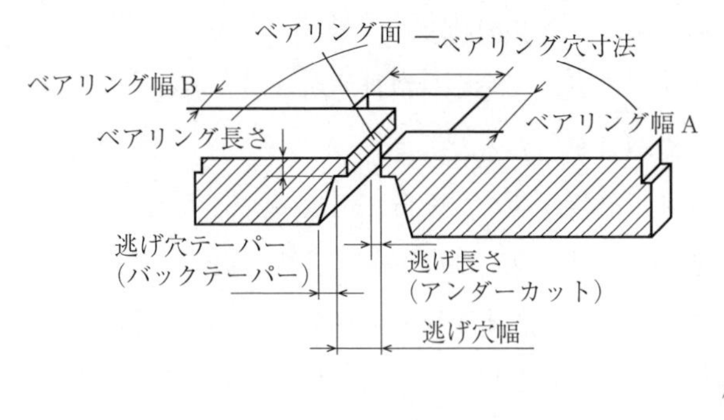

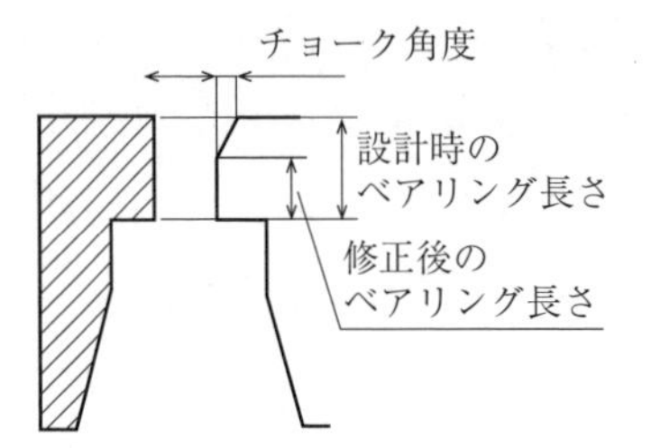

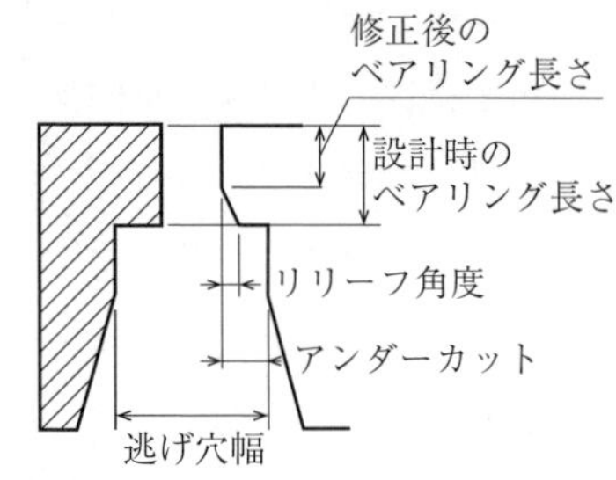

（a） ベアリング面に抵抗を付けた修正　（b） ベアリング面の抵抗を少なくした修正

図 4.10　ソリッドダイスの断面形状 [7]

直接押出し加工の場合，ダイス中心からコンテナー壁面に近づくほど摩擦抵抗によってメタルフローの流速が遅くなるため，ダイス中心部では外周部に比べてベアリング長さを長くするのが一般的である。また，ソリッドダイスでは，押し継ぎを可能とすることと，メタルフローを制御するために，**図 4.11**[8]に示すようなベアリングと同一の効果を狙ったフローガイドと呼ばれる鋼材プレートをダイス前面に配置する構造が一般的である。

実操業では，製品によっては多孔押出しを行う場合がある。ダイス孔数やその配置は，補強工具の形状，ハンドリング設備，ランアウトテーブル長さ，製品寸法および形状，メタルフローバランス，プレス能力，材料歩留りなどを考慮して決定する。ダイス孔の配置は，ダイス重心とビレットの中心を一致させるのが原則である。しかしながら，多孔押出しの場合，**図 4.12**[5]に示すように多様な配置や配向があり，メタルフローバランス，作業性，押出し材特定面へのかき傷の回避などを考慮して選択する。

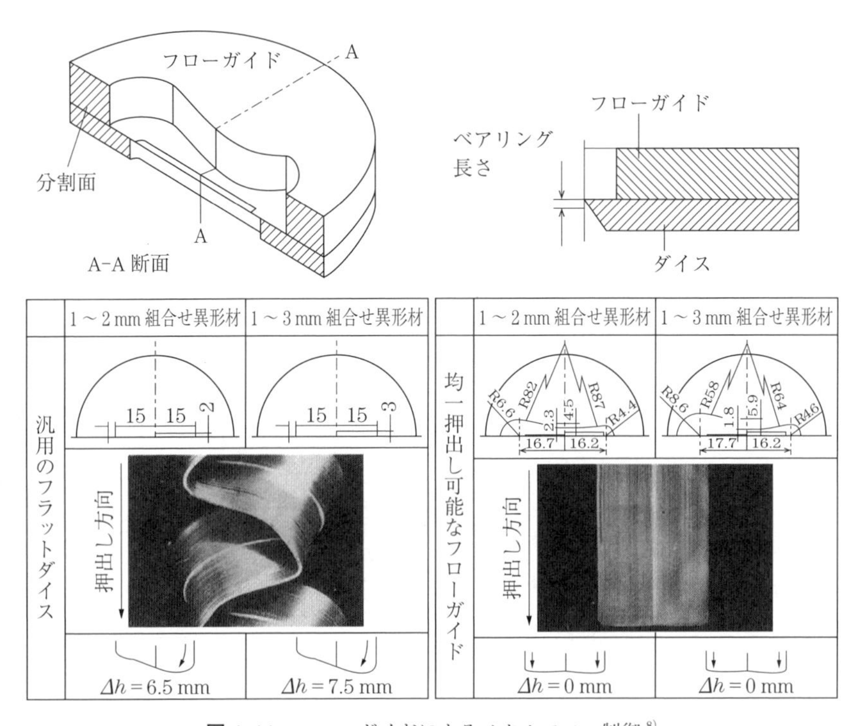

図 4.11 フローガイドによるメタルフロー制御[8)]

〔**2**〕 **ホローダイス** ホローダイスは，メタルの流入孔とマンドレル，ブリッジで構成されたフロントダイス（雄型）と，押出し形材外形形状を成形するバックダイス（雌型）の二つのダイスの組み合わせ型である。メタルの流入孔で一旦分割・流入されたメタルがウェルディング・チャンバー（以下チャンバーと略す）で再接合すると同時にマンドレルで中空部を形成しながら中空押出し形材が成形されるため，複雑なメタルフローとなる。ホローダイスにもポートホールダイス方式，ブリッジダイス方式，スパイダーダイス方式などの種類があり，なかでも**図 4.13**[6)]に示すポートホールダイス方式はダイスコストが安価であり，最も汎用的なホローダイス構造である。ホローダイスで押し出された形材の断面には必ず接着部があり，表面をマクロ腐食すると肉眼でも確認ができる。中空部の寸法精度（特に真円度）や接合強度に対して大変厳しい規格で要求されているため，金型設計が占める割合は非常に大きい。アルマ

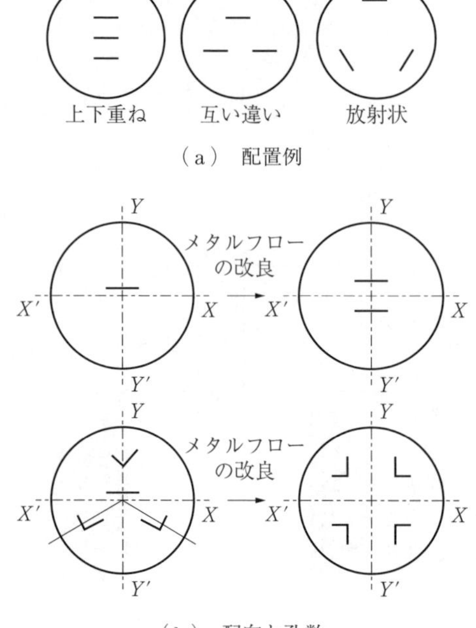

図 4.12 ダイス孔の配置と配向 [5)]

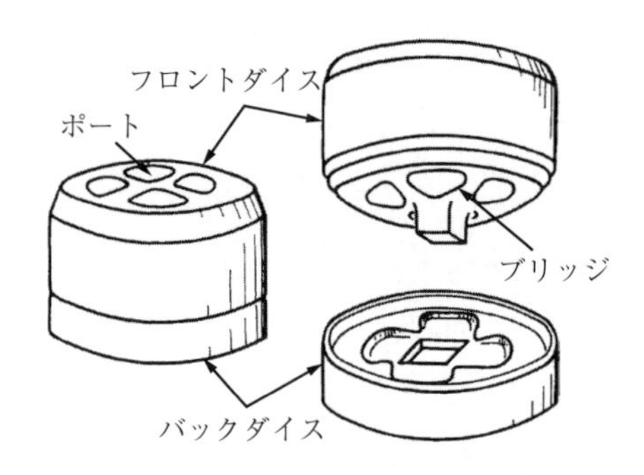

図 4.13 ポートホールダイス [6)]

イト処理時のアルカリ水溶液による前処理が長すぎると表面に現れてトラブルの原因となることや，稀に接着部から割れることもあり注意を要する。

ホロー形材の大部分はホローダイスで押し出されるが，中空部が比較的大きい丸などの単純な断面形状の場合は，**図 4.14**[6)]に示すマンドレル方式で押し

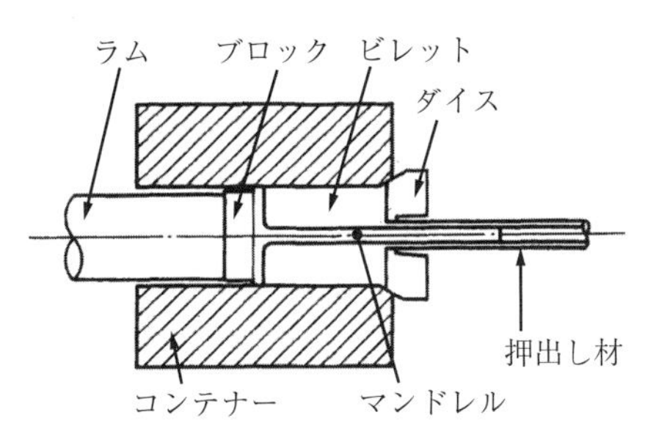

図 4.14　マンドレル方式[6)]

出すこともある。マンドレル方式の特徴は，ホローダイスのように分断されて再接合することがないことである。欠点としては，偏肉が起こりやすくかつ形状に制限があること，中空ビレットあるいはビレットの穿孔工程が必要であることなどが挙げられる。

〔**3**〕 **セミホローダイス**　セミホローダイスは，**図 4.15**[6)]に示すヒートシンクに代表されるような斜線で示した空間部（以下トングと呼ぶ）を有する押出し形材を成形するためのダイスである。難易度を示すトング比は，図に示すように定義する。

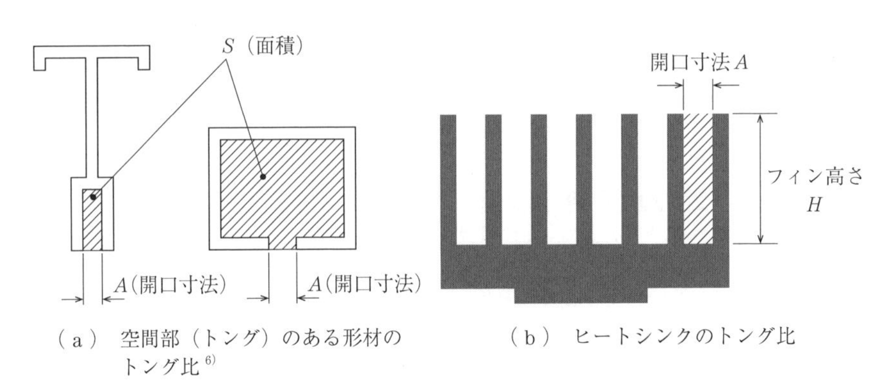

（a） 空間部（トング）のある形材のトング比[6)]　（b） ヒートシンクのトング比

図 4.15　トング比の計算[6)]

トングのある形材の場合は，トング面積 S を開口寸法 A の 2 乗で除した値（S/A^2）を用い，ヒートシンクの場合は，フィン高さ H を開口寸法 A で除した値（H/A）を用いることが一般的である。トング比の大きい形材をソリッドダイスで押し出すと，トングの開口部は押出し圧力に耐えられなくなりダイスの破損を起こしやすくなる。したがって，ダイスの強度計算によりソリッドダイスでは破損の危険性がある場合はホローダイスを使用し，開口部にメタルが流れないような工夫をする場合がある。

4.2　押出し形材用アルミニウム合金

4.2.1　アルミニウム合金の性質

アルミニウムは多くの優れた性質を持ち合わせている金属であり，その性質が評価されさまざまな用途で使用されている。合金元素を添加することによって加工性や強度，耐食性に特徴が現れ，合金の種類によって1000系から7000系まで番号がつけられている。以下に各合金の特徴と用途を記す。

〔1〕 **1000系：純Al系　非熱処理型**　　純度99％以上の工業用純アルミニウムに属し，A1100やA1200が代表的な材料である。非熱処理型で，加工性，耐食性，電気伝導性などに優れ，溶接性も良好であるが，強度が低いため強度を必要としない家庭用品や電気器具などに用いられている。展延性も良いのでよく伸び，箔としても使用されている。アルミの純度が高くなるほど強度はさらに落ちていき，反対に，高純度のものほど耐食性，導電率，伝熱性，反射率は高くなっていく。

〔2〕 **2000系：Al-Cu系　熱処理型**　　機械的強度向上に効果のあるCuを添加したアルミニウム合金で，熱処理して用いる。高力合金に分類され，ジュラルミンとして知られるA2017や超ジュラルミンの別名をもつA2024もこの系統となり，航空機用などに用いられている。このアルミニウム合金は熱処理次第で鉄鋼材料に匹敵する強度をもつが，Cuを含有するため耐食性が下がり，最も高強度なT6材は，耐食性が最も低くなる。表面に耐食性に優れた純アルミニウムを張り付けるいわゆるクラッド材のようにして使う方法もある。PbやBiを添加して快削性を狙ったA2011は，棒材の用途が多いが，溶接性

や溶融性が他のアルミニウム合金に比べて劣る傾向がある。

〔3〕 **3000系：Al-Mn系　非熱処理型**　Mnを添加することで純アルミニウムの加工性や耐食性を低下させずに強度を上げた合金で，非熱処理して用いる。成形性が良いため，日用品，建材，器物など幅広い用途で用いられているが，切削性についてはあまり良いほうではない。

〔4〕 **4000系：Al-Si系　非熱処理型**　Siを添加して熱膨張を抑えて耐摩耗性を改善した合金で，非熱処理して用いる。添加するSiの量によって性質が大きく変わり，A4032のようにCuやNi，Mgと合わせて添加することで耐熱性向上を図った合金もある。アルマイト処理をすると表面が灰色になるため，意匠性を活かした建材のほか，溶融温度が低いため溶接用ワイヤ，ブレージングろう材としてに使われることもある。

〔5〕 **5000系：Al-Mg系　非熱処理型**　Mgを添加して強度や溶接性を向上させた合金で，Mgの添加量によって装飾用や構造用に使われる。加工硬化によってかなり硬くなるので，熱処理せずとも使用できる非熱処理型である。耐食性に非常に優れたアルミニウム合金で，海水や工業地帯といった腐食の起きやすい環境でも使われている。ただし，添加しているMg量が多いと，加工時の応力が残っていると応力腐食割れが起きる危険性がある。粒界腐食抑制のため焼きなましをして使う方法や応力腐食割れの発生を抑制するためにMg量を下げてMn量を添加したA5083は，代表的な溶接構造材料で船舶，車両用に多く用いられている。この合金は，導電率はあまり良くないが，溶接後の強度および耐食性の点から地下鉄剛体電線用導体として使用されている。

〔6〕 **6000系：Al-Mg-Si系　熱処理型**　A6063に代表されるMgとSiを添加して強度，耐食性を向上させた合金で，加工性と耐食性の高さが特徴である。A6063は高い耐食性と複雑な断面形状を作り出すことが可能なことから，アルミサッシをはじめとする建築物の内外装用材として使用されている。また，A6061は熱処理（T6処理：溶体化処理後，人工時効硬化処理したもの）によって鉄鋼構造材料であるSS400相当の耐力245～250 MPa以上を得ることができる。

〔7〕 **7000系：Al-Zn-Mg系 Al-Zn-Mg-Cu系 熱処理型**　A7000系合金を大別すると，Cuを含まずZn，Mg量を低下させた中強度系のA7003を代表とするAl-Zn-Mg系合金と，Cuを含みアルミニウム合金の中で最も高い強度を有する高強度系のA7075に代表されるAl-Zn-Mg-Cu系合金の2系列に大別される。適切な熱処理を施すことによって強度が顕著に変化する時効硬化型の合金である。A7075は2000系と並んで高力合金となるが，応力腐食割れが特に起きやすいことでも知られ，熱処理を適切に行う必要がある。また，強度と引き換えに，耐食性，溶接性，成形性いずれも良くない。A7000系合金で強度向上に寄与する元素は，析出物を形成する$MgZn_2$を形成するMgとZnである。変形抵抗は，Mg添加量の増加に伴って著しく増加するが，Znの添加は変形抵抗にはほとんど影響しないため，変形抵抗を増加させずに強度を向上させるためには，Mg量を抑えてZn量を増すことが有効であることが知られている。銅を含まないものは，熱処理により耐食性や応力腐食割れ性については改善可能である。

4.2.2　押出し性による分類

押出しを行う場合，使用用途によって合金の強度，耐食性，溶接性などの合金特性を考慮して選定することが当然であるが，合金の押出し性によって形状の複雑さ，肉厚，ホローの可否などを検討する必要がある。

押出し形材用アルミニウム合金では，合金の添加元素が多く高強度の合金ほど押出し性が悪くなる，**表4.1**[9]はA6063合金の熱間押出し性を100として各合金の相対的押出し性を比較したものである。この定性的な比較値は経験に基づくものであり，形材の断面形状，組成，温度，速度，ダイス設計などによって変化する。これらの押出し性は，変形抵抗の大きさとほぼ一致し，変形抵抗が大きいほど押出し性は悪化する。ただし，変形抵抗は押出し温度によって変化するため，ビレット温度などの選定が押出し性にとって重要なファクターとなる。

軟質合金は押出し性が非常に良好なので，相当薄い肉厚品やホローダイスに

表 4.1　合金種による相対的押出し性比較[1)]と変形抵抗値[9)]

区　分	合金名	押出し性指数	変形抵抗値〔kgf/cm^2〕
軟　質	1050	150	245（at 400 ℃）
〃	1100	150	245（at 400 ℃）
〃	3003	100	290（at 430 ℃）
〃	6063	100	280（at 430 ℃）
中硬質	2011	30	400（at 420 ℃）
〃	5052	60	450（at 470 ℃）
〃	6061	70	370（at 510 ℃）
〃	7003	70	420（at 500 ℃）
〃	7N01	60	440（at 500 ℃）
硬　質	2014	20	580（at 430 ℃）
〃	2024	15	760（at 430 ℃）
〃	5083	25	560（at 460 ℃）
〃	7075	10	820（at 400 ℃）

よる中空材を高速で押し出すことも可能であるが，軟らかすぎて押出し後に変形しやすく，複雑な形状の場合は加工性の良い A6063 合金を用いるほうが賢明である。中質合金はホローダイスによる中空材の押出しも可能であるが，軟質合金ほど溶接性が良くないので，曲げや口広げなどの二次加工する場合や用途上中空部に高圧ガスや液体などが通る場合は，中空部の接着強度が問題になることもある。硬質合金は押出し性が悪いため，低速での押出しとなる。複雑な断面形状や肉厚の薄い形材の製造が困難で，比較的単純な形材の製造に使用され，一般的にはホローダイスによる中空材の製造は不可能とされている。

4.3　押出し製品の品質

押出し形材の品質に影響する要因には，ビレット組成，押出し温度，押出し圧力，押出し速度，ダイスの表面状態などが挙げられる。

アルミニウム系押出し材の品質について，JIS H 4100 には「押出し形材は形状正しく，仕上げ良好，品質均一で使用上有害な欠陥があってはならない」と記載されている。アルミニウム押出し材の品質には，表面，形状などの外観と，機械的性質，靭性などの内部品質があり，ビレット材質と用途によって製造条件を設定する必要がある。

押出し形材の寸法許容差は，JIS によって普通級と特殊級に規定されている。近年，押出し形材の用途の多様化，複雑化，大型化，薄肉化，高精度化が進み，形材の曲がり，平坦度，表面キズなどに関する要求が厳しくなっており，きめ細やかな寸法公差が要求されている。

アルミニウム合金押出し材の表面欠陥発生原因は，ビレット品質，押出し工具，押出し工程，表面処理に起因するものなどに大別される。**表 4.2**[10)]に押出し工程に起因するおもな押出し欠陥の種類と対策事例を示す。

図 4.16[11)]に A6063 合金の代表的な押出し欠陥であるピックアップの発生メカニズムについて示す。アルミニウム-ダイス界面のダイス側の Fe_2O_3 とビレット内の Mg が熱間加工中に酸化還元反応を起こすことによって MgO がダイスベアリング面に付着する。ダイスベアリング面に付着し，局所的に盛り上がっている Mg 化合物は，不安定であるため離脱し後方部に堆積したものがピックアップ欠陥である。以上の考察から，ピックアップ欠陥抑制方法としてコーティングを施すといったダイスベアリング面の酸化を防止するなどの対策が必要であることがわかる。

図 4.17[12)]は，硬質合金である A7075 合金の割れ欠陥であるテアリングの発生メカニズムを示す。ビレットがコンテナーやダイスとの接触によって発生する摩擦発熱による温度上昇によってベアリング出口部で押出し材表面の結晶粒が粗大化し，その結晶粒界に存在する金属間化合物も大きくなる。さらに，材料がダイスベアリング部を通過する際，押出し材の表面の温度は固相線温度以上となり，材料の一部が溶融し，固相と液相が混在する半溶融状態となる。押出し材はダイスベアリング部通過後に冷却されることで，半溶融部分に引張応力が加わり，完全に凝固していない液相から割れが生じると考えられる。7000 系アルミニウム合金の場合，Al_2CuMg，$MgZn_2$ などの可溶性の金属間化合物が

表 4.2 押出し材の欠陥とその原因と対策 [10)]

欠陥名称	欠陥の状態および定義	対　策
ピックアップ	押出し方向に伸びた表面むしれ状欠陥	・ベアリングコーティングの不安定 ・ベアリング逃げ面への酸化物付着 →ベアリング形状の適正化酸化防止 　ビレット内部組織の改善
ダイスマークおよび筋	押出し方向に密に並んで発生する表面の筋状欠陥	・ベアリングコーティングの不安定 ・ベアリング面状態の劣化 →ベアリング面の均一な仕上げ
外　傷		・設備によるもの ・製品どうしの共ずれ →設備メンテナンス，改善 　共ずれ発生防止の施策
巻込み (piping) (permeation)	ビレット表皮層，コンテナー内付着物，潤滑剤などが押出し材内部表面部に現れたもの	→ディスカード量の増大 　適度な潤滑の防止 　コンテナーとビレットの温度差を大きくとる
圧着不良	肉眼では見えない。ホローダイスを用いたときにダイス内で押出し方向に分流した金属流れの合流部が筋状，線状に現れたもの	→マンドレル押出し化 →押出し温度と速度のバランス 　ダイス温度の低下防止 　適度な潤滑防止 →ビレット端部の清浄 　押出し残り材の除去
ブローホール	押出し方向に線状に連なった気泡欠陥	→ビレット外表面の良好化 　アップセットスピード 　押出し速度の適正化
グレーングロス	押出し断面で粗大成長した結晶粒	→ビレットの組成変更 →均質化処理条件の適正化 →押出し温度，押出し速度の適正化
偏　肉	断面肉厚の不均一	→押出し工具の適正化 →押出し機芯管理

粒界で溶融することで割れの起点となる。

したがって，テアリングの発生には熱的要因が大きく影響するため，加工発熱を抑える必要がある。また，材料が固相線温度を超えた場合に優先的に溶融する低融点化合物が偏析した組織の場合，それを起点とした凝固割れが起こりやすいため，微細繊維組織化に寄与する組織制御が有用であると考えられる。

このように，押出し欠陥の防止には，従来の経験に基づく対策から脱却して

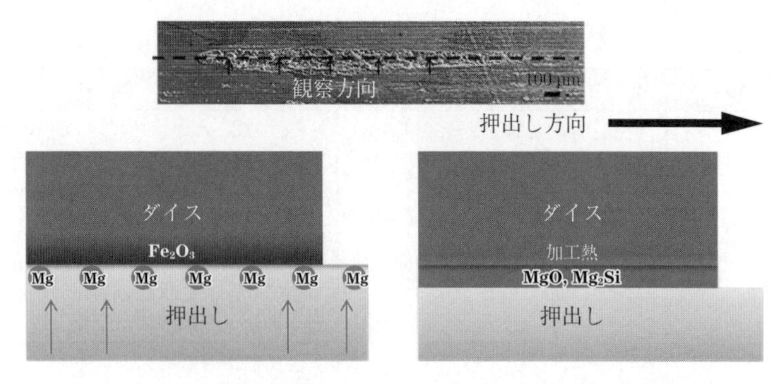

（a） Mg と Fe_2O_3 の拡散　　（b） Mg と Fe_2O_3 の間の反応

$$Fe_2O_3 + 3Mg \rightarrow 3MgO + 2Fe$$

図 4.16　ピックアップの発生メカニズム[11]

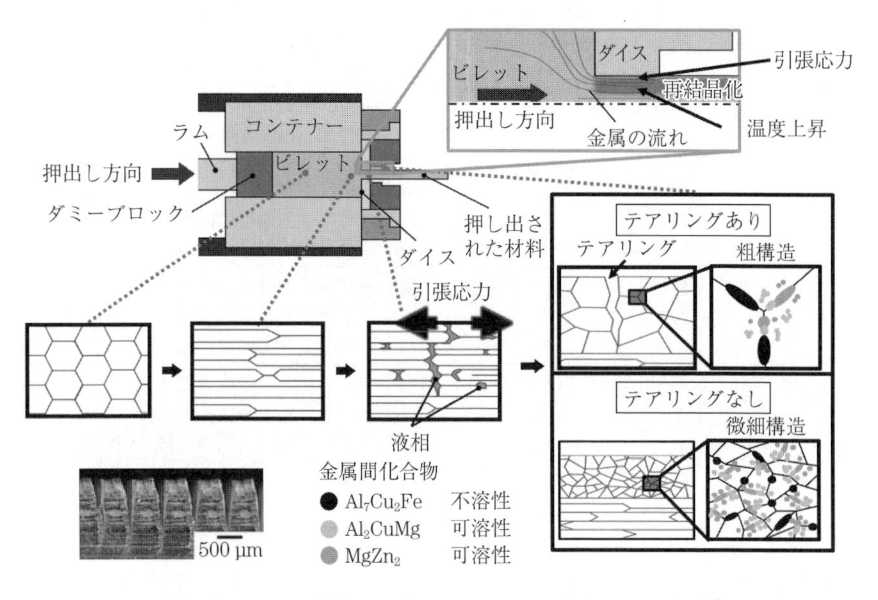

図 4.17　A7075 合金におけるテアリングの発生メカニズム[12]

学術的な見地に基づいた欠陥発生メカニズムを解明し，根本的な対策をとることが重要である。

4.4 押出し加工のシミュレーション

近年のコンピューターの発展と数値計算能力の飛躍的発展に伴い，力学解析手法である有限要素法（FEM）で，押出し加工のシミュレーションがパソコンレベルでも可能となっている。FEMでは，コンテナー・ダイス内における被加工材の塑性流動や温度分布の詳細，さらにはコンテナーやダイスに作用する圧力分布や荷重分布を定量的に把握することが可能であり，工程設計をはじめとして，コンテナーやダイスの押出し加工中の弾性変形や熱変形を考慮した最適なダイス設計や押出し条件の設定に有効である。

解析に使用するソルバーとして，ラグランジュ法（非定常解析）とオイラー法（定常解析）がある。ラグランジュ法は，素材とともにメッシュ（要素）が移動・変形する計算方法であるため，押出しや鍛造加工のような素材が大変形する問題では，メッシュがゆがんでつぶれてしまい，計算精度の低下を招く場合がある。これを回避するため要素の再分割（リメッシング）が必要となり，メッシュ数の増加とともに計算時間が膨大になる。これに対して，オイラー法はメッシュが空間に固定されるため，要素自身の変形がないので，リメッシングを必要とせず，メッシュ数は増加しない。

近年では，ラグランジュ法とオイラー法の混成法であるALE法（arbitrary Lagrangian and Eularian method）が開発され，設計者の間で流体-構造連成解析が現実的となってきている。ALE法では，本来，動かないオイラーメッシュを微小変形させて元の位置に戻すという数値処理上の手法を使っている。

しかしながら，これらのソフトウェアを実操業に活かすためには，さまざまな解析条件の適正化による解析精度の向上とともに，実験や操業時に蓄積されたデータベースとの整合性を図る必要がある。

4.4.1 シミュレーションにおいて注意すべき項目

FEM解析の計算結果の妥当性を判断するためには，設定項目を精査して解析精度の確認をする必要がある。

押出し加工をシミュレーションするにあたり，応力が集中する部分を集中的に細分化するなどのメッシュの粗密化を図るなどの工夫に加え，被加工材の材料特性の設定も，解析結果を大きく左右する要因となる。市販の解析ソルバーでは，あらかじめ用意された材料データから読み込んで使用することも可能であるが，できれば，温度とひずみ速度を変化させた熱間圧縮試験により実測した熱間加工中の変形抵抗データを変形抵抗式として解析ソルバーに取り込んで，線形補間して使用することも重要である。

塑性加工の FEM 解析において，摩擦の考慮は不可欠である。市販の FEM 解析ソフトウェアでは，クーロン摩擦則とせん断摩擦則の二つが組み込まれている。工具/被加工材のトライボロジー状態は，加工様式や条件によって大きく変化するため，加工状態に応じて適切な摩擦則を選択する必要がある。塑性加工における摩擦特性値として，クーロン摩擦則で定義された摩擦係数 μ，あるいは，せん断摩擦則で定義されたせん断摩擦係数 m のいずれを使うのが合理的かという疑問に対してはいまだ解決されていないが，熱間押出し加工解析の場合は，コンテナーと被加工材界面では固着摩擦状態となるため，せん断摩擦係数 m を用いることが多い。摩擦係数の同定に関しては，数値を振って合わせ込みを行うケースもあるが，これでは材質や加工温度，加工速度，形材形状を変更するたびに合わせ込む必要があり，実態に即さないケースも多い。こうした問題に対して，目的の温度や加工度合いに即した摩擦試験からの摩擦係数の同定が必要となる。押出し加工や鍛造加工などの表面積拡大比の大きい塑性加工を模擬できる熱間での摩擦試験から同定する必要がある。

4.4.2　押出しシミュレーションの事例

アルミニウムの押出し加工では，被加工材の流動状態，摩擦熱による温度履歴，熱や圧力によるダイス変形などを把握することが重要である。押出し形材のシミュレーション事例を紹介する。

図 4.18[13]は，小型薄肉ヒートシンクのダイス設計に数値シミュレーション

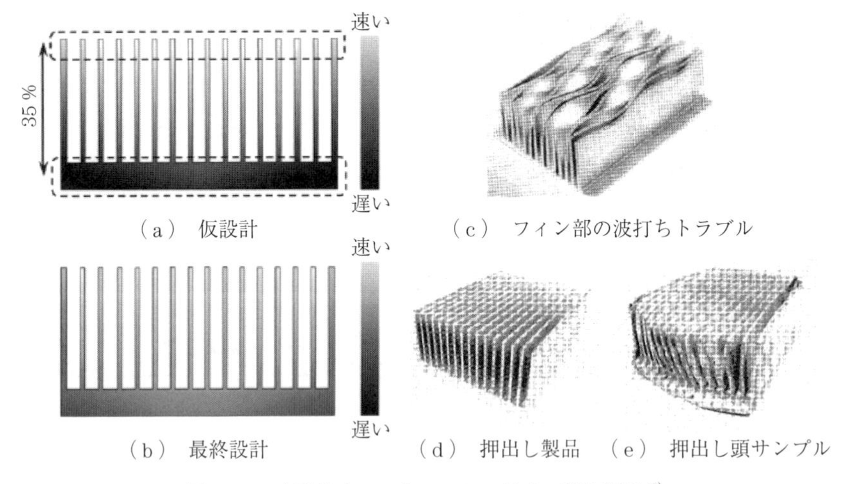

（a）仮設計　（b）最終設計　（c）フィン部の波打ちトラブル　（d）押出し製品　（e）押出し頭サンプル

図 4.18　小型薄肉ヒートシンクのダイス設計事例 [13)]

を利用した事例である。小型ヒートシンクにおいては，フィン部の「波打ち」と呼ばれるトラブルが発生しやすい。このトラブルを解消するための最適なダイス構造と速度分布を，数値シミュレーションを利用することによって導き出している。

押出し加工中の金型は，被加工材から連続的に加圧圧力を受けるために，金型成形部寸法や金型と被加工材の熱膨張係数などの差に起因して，押出し加工材の寸法は熱間押出し加工中に連続的に変化する。

図 4.19[14)]は，ラグランジュ法による変形解析モデルから押出し金型に作用する荷重を算出し，その結果を基に押出し金型変形解析モデルに錬成させた事例を示す。押出し金型の変形解析では，押出しダイスとダイスホルダーは弾性体と定義し，金型どうしの接触面に作用する摩擦係数について，試行錯誤の結果，クーロン摩擦係数 $\mu=0.3$ を使用している。**図 4.20**[14)]は，押出し金型の変形に対する実験結果と解析結果を比較して示す。金型のたわみ量および金型開口部寸法の減少量とも，かなりの精度で一致していることが確認でき，押出し加工の進行とともに減少する形材肉厚の変化は，押出し加工中の金型の変形による金型開口部寸法の変化が要因の一つであることを示唆している。

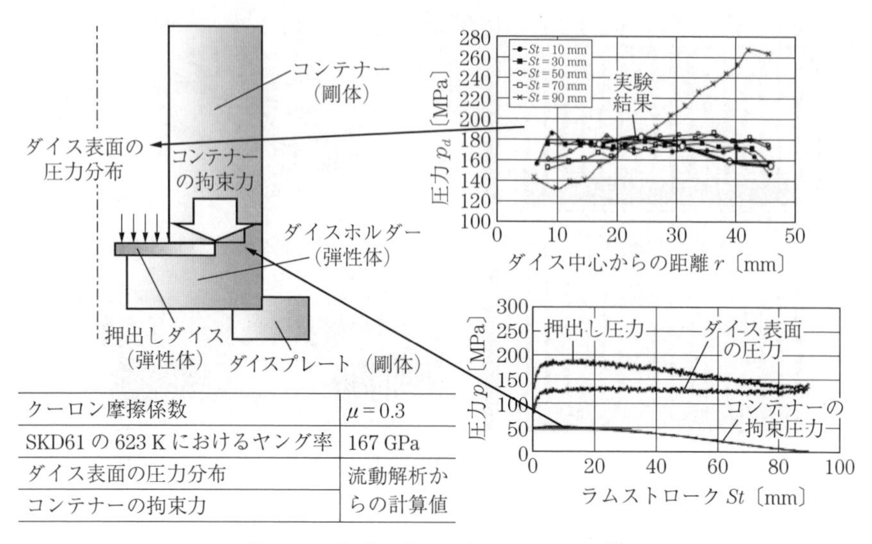

クーロン摩擦係数	$\mu = 0.3$
SKD61 の 623 K におけるヤング率	167 GPa
ダイス表面の圧力分布	流動解析か らの計算値
コンテナーの拘束力	

図 4.19　押出し金型の変形解析モデル [13)]

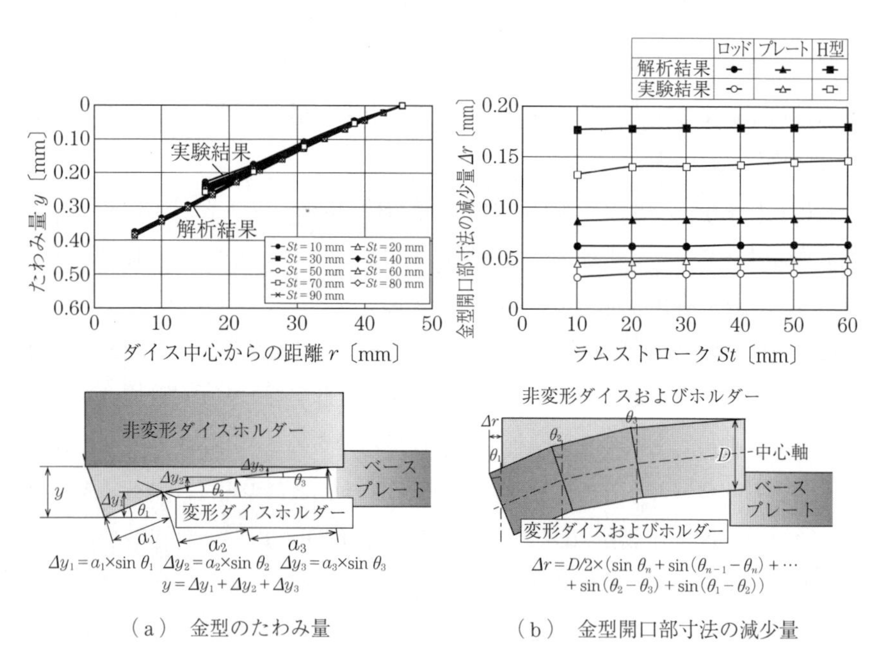

（a）　金型のたわみ量　　　　（b）　金型開口部寸法の減少量

図 4.20　押出し金型の変形に対する実験結果と解析結果の比較 [14)]

アルミニウム中空押出し形材は，軽量で高い断面自由度を有するため，建材から自動車部材への適用に拡がりつつある。複雑断面を有するアルミニウム中空押出し形材を成形するための固有技術として，ポートホールダイスなどのホローダイス方式が採用されている。

図 4.21[13)]は，寸法公差の厳しい空気圧シリンダー材のダイス設計に塑性流動シミュレーションを適用した事例である。押出し材断面における速度分布の均一化を図るために，ポートホールと形材断面の断面積比を揃え，ポートホール内のメタルフローの変化を少なくすることによって，大型シリンダー材の開口寸法のバラツキを改善している。

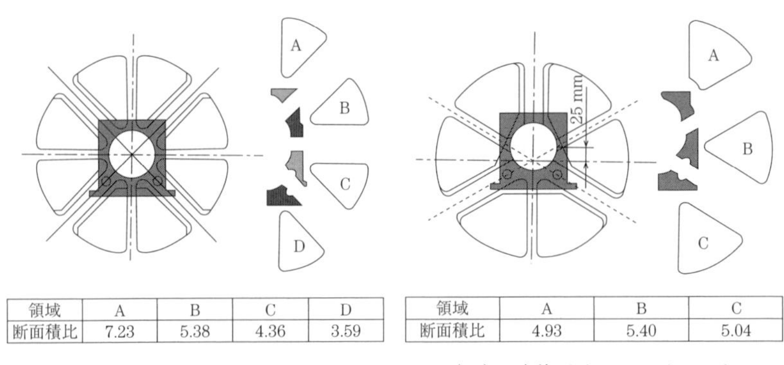

領域	A	B	C	D
断面積比	7.23	5.38	4.36	3.59

（a）　従来ダイスのレイアウト

領域	A	B	C
断面積比	4.93	5.40	5.04

（b）　改善ダイスのレイアウト

図 4.21　空気圧シリンダー材のダイス設計事例[13)]

図 4.22[15)]は，ラグランジュ法を用いてポートホール形状によって形成される押出し圧力曲線を解析結果と実験結果を比較した事例を示す。この解析では，コンテナーとビレットの接触界面の摩擦条件は，熱間押出しということを考慮して固着摩擦状態と仮定して，せん断摩擦係数 $m=0.9$ を使用している。ポートホール形状によって生じる押出し圧力の上昇傾向は，ポート充満プロセスならびにチャンバー充満プロセスにおいて，解析結果と実験結果が類似している。

図 4.23[16)]は，中空押出し形材用焼きばめダイスの構造解析から得られたブリッジ部における負荷時の最大主応力と除荷時の最小主応力分布図を算出した事例を示す。図に示すように，負荷時にはブリッジ付け根部に 580 MPa の引

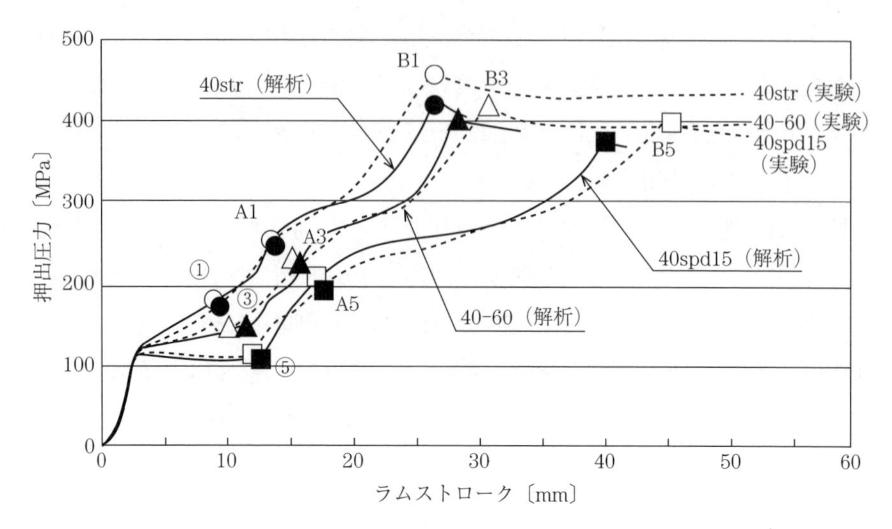

図 4.22　ポートホール形状の違いによる押出し圧力上昇過程の比較[15)]

張最大主応力が働き，負荷時には −769 MPa の圧縮の最小主応力が作用している。この事例では，通常のポートホールダイスと焼きばめダイスの寿命比較も行っている。

そのほかに，ALE 法を用いて複雑な断面形状の中空押出しダイスのポートホールダイス出口での粒子追跡機能によって，押出しプロセス中の各段階での金属流動挙動が観察されることが示されており，数値的および実験的結果の比較から，押出しプロセス中のメタルフローバランスを調整し，初期の不合理なダイス設計における押出し材のねじれ変形を解消するためのダイス設計の修正が可能であることを示している[17)]。また，実操業のアルミニウム合金の直接押出しでは，半連続押出しとして押し継ぎ押出しが行われている。この際，最初のビレットと 2 番目のビレットの接合界面には，酸化物や潤滑剤などによる汚染が懸念されるため，効率的な材料廃棄には形材内部への移行領域を特定することが重要な因子である。この問題に関しては，依然として経験または作業者の集約的な分析が中心である。ALE 法と実験的検証を組み合わせて，中空断面押出し材の押し継ぎ接合を定量的に調査した事例では，スクラップの廃棄について大幅な改善が達成されることが示されている[18)]。

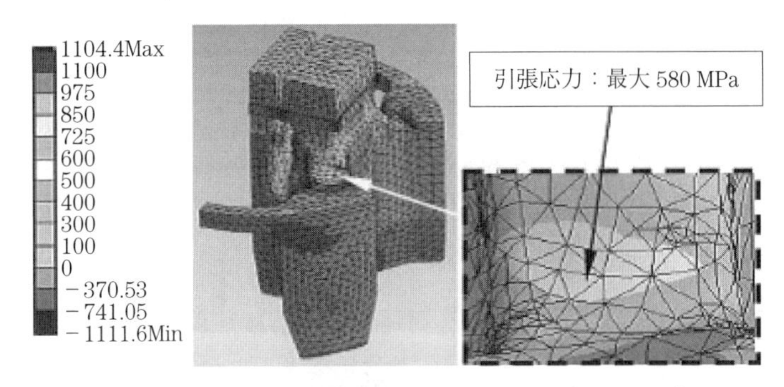

（a） 負荷時ブリッジ部の最大主応力分布図（$\delta/\delta_1=2.75$）

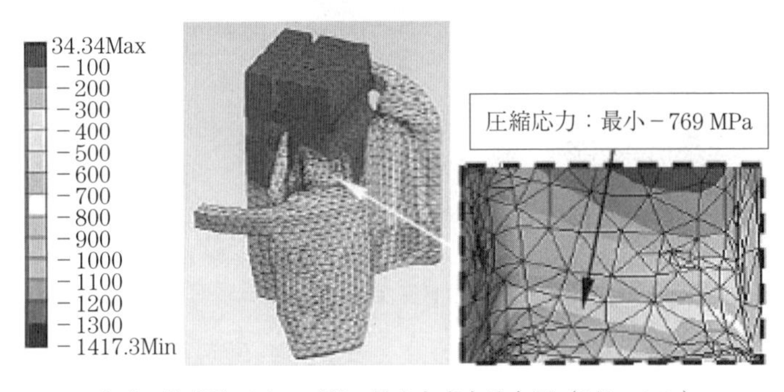

（b） 除荷時ブリッジ部の最小主応力分布図（$\delta/\delta_1=2.75$）

図 4.23 焼きばめダイスにおけるブリッジ部の最大および最小主応力 [16)]

熱間塑性加工を模擬する摩擦試験を用いて得られた摩擦係数を押出し解析に適用した事例として，Hu らの研究を参考に熱間前後方押出し摩擦試験方法が提案された [19)]。500 ℃における窒化処理したダイスを用いた場合の摩擦試験結果はせん断摩擦係数 $m=1.0$，AlCrN コーティングしたダイスを用いた場合の摩擦試験結果はせん断摩擦係数 $m=0.2$ となった。**図 4.24**（口絵 4）[19)] に窒化処理および AlCrN コーティングしたダイスを用いた熱間押出しについて，解析による温度分布および最大主応力分布を示す。

温度解析結果から $m=1.0$（窒化処理）では，ダイスのベアリング部付近の温度が 516 ～ 520 ℃程度となった。$m=0.2$（AlCrN コーティング）では，ダイスのベアリング部付近の温度が 513 ～ 516 ℃程度となった。押出し材温度

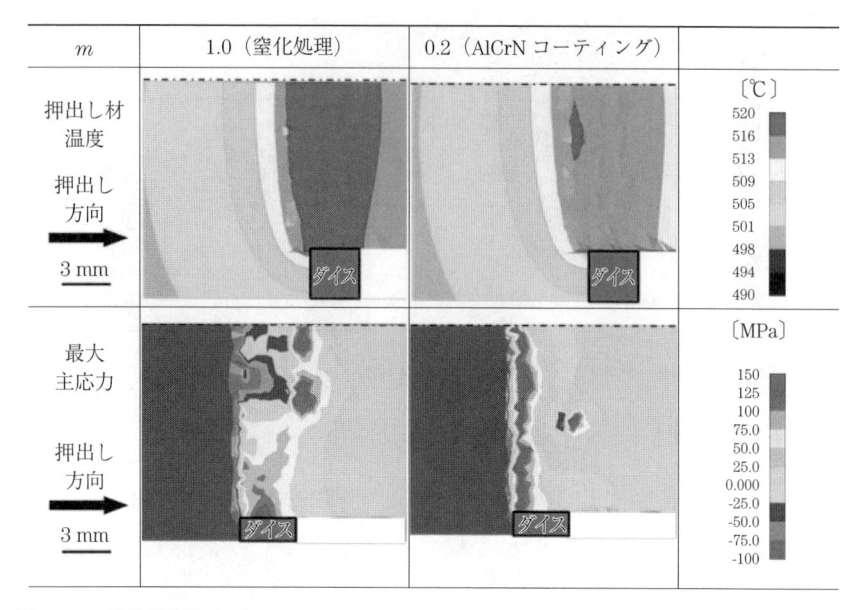

図 4.24　窒化処理および AlCrN コーティングしたダイスのベアリング部付近における温度分布と最大主応力分布（押出し材温度 500 ℃，ラム速度 0.5 mm/s）[19]〔口絵 4〕

の赤色部（516 ～ 520 ℃）の領域（口絵 4 参照）は AlCrN コーティングで少量であるが，窒化処理は全体的に大きいことがわかる。このことから，$m=0.2$（AlCrN コーティング）での温度分布が $m=1.0$（窒化処理）での温度分布より低くなり，せん断摩擦係数が小さいほど熱間押出し加工中の加工発熱温度低下および516 ～ 520 ℃における加工発熱領域の縮小化の効果があると確認できた。

窒化処理および AlCrN コーティングでの熱間押出し解析による最大主応力分布から，$m=1.0$（窒化処理）では，ダイスのベアリング部付近の主応力が幅広く不均一に働いている。ダイスのベアリング部での加工度が高いため，押出し材端部での最大主応力範囲が大きくなっている。窒化処理の場合，せん断摩擦係数が $m=1.0$ であることから，ビレットがダイスのベアリング部を通過する際に働く摩擦の影響が大きく，材料流動性が低下していることが示された。AlCrN コーティングの場合，せん断摩擦係数 $m=0.2$ であり，ダイスのベアリング部付近の主応力が均一に働いている。せん断摩擦係数の低いダイスコーティングを使用することで，ビレットがダイスベアリング部を通過する際に働く摩擦の影響が小さくなり，材料流動性が向上することが示された。

4.5　今後のアルミニウム押出し加工

図 4.25[20]は，次世代製品を支える押出し加工分野における創製技術ロードマップを示す。技術的な解決課題として，テクノロジーロードマップと科学的な解決課題として，サイエンスロードマップの二つに大別している。

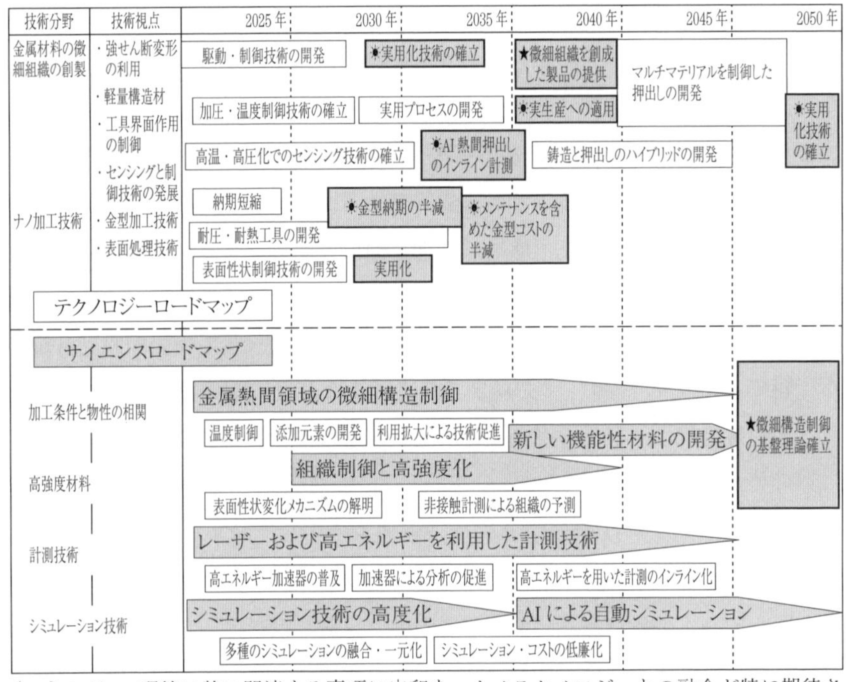

(エネルギー・環境に特に関連する事項に☀印を，ナノテクノロジーとの融合が特に期待される事項に★印を付している)

図 4.25　次世代製品を支える押出し加工分野における創製技術ロードマップ[20]

テクノロジーロードマップにあるように，金属材料の微細組織創製およびその制御が必要であり，製品の高強度化および高付加価値化を図るためには，成形プロセス内での組織制御が必要不可欠である。これはサイエンスロードマップでの金属熱間領域での微細組織制御の実現とも重複する課題であり，加工発熱を考慮した適切な温度制御，結晶組織微細化効果のある添加元素を用いた材料開発，シミュレーションなどを含めたそれらを包括する技術開発および高度化が必要となる。

製品の高品位化には，むしれや割れなどの表面欠陥へのアプローチ[11),12)]や，かじりや焼付きなどの防止も必要である。これにはダイス表面へのコーティングが有効であると考えられるが，膜の強度や寿命は，成分比や窒化などの下処理の影響に左右されるため，それらを考慮したコーティングの開発や研究が必要となる。最近では，自己潤滑作用のある厚膜のβ-SiC コーティングなど，新しいコーティングの開発の報告もあり，工具寿命の観点から押出し加工に適した表面処理の開発が望まれる[21)]。

また，工具材質にも目を向ける必要がある。押出し加工では，SKD61 のような熱間工具鋼を使用することが一般的であるが，難加工材の成形や鋳造と押出しを合わせたハイブリッド成形には加工温度の制御やさらなる高耐久性を実現する工具材質の開発および適用が必要となる。

金型の表面設計としては，ナノおよびマイクロスケールでの表面設計も重要な課題である。マイクロ–マクロまでさまざまなスケールの押出し加工での表面性状の最適化は，製品の高品位化や金型寿命の向上，難加工プロセスの実現に不可欠である。

シミュレーション技術の向上には，実加工での計測技術の向上が必要であり，レーザーなどを用いた計測技術の導入と，それに伴った製造プロセスの開発を行っていく必要がある。温度などのセンシング技術としても，加工部の面全体を測定できるような温度センサーの開発が望まれる。こういったセンシング技術の向上は，シミュレーションや生産性の向上に大きな貢献を果たすものと考えられる。

また，生産管理システムや運転支援システムなどの押出しシステムへの Artificial Intelligence（AI）や Internet of Things（IoT）技術の適用による Computer-Aided Design（CAD）や Computer-Aided Engineering（CAE）の技術開

発は生産の自動化や納期の縮小の実現に向けても重要な課題となる。

押出し加工技術は製品品種の多様化，断面形状の複雑化に伴う高精度化，断面機能の高度化，製品の微細化および軽量化などの市場から求められる多様なニーズに応えるため，材料，プロセスあるいは製造技術などさまざまな角度からの新たな技術開発を行っていく必要がある。また，従来の加工技術だけでなく，押出し製品のマルチマテリアル化の実現，シミュレーションによる加工プロセスの正確な可視化および定量化など押出し加工に残された課題は多い。

さらには，熱間押出し加工を用いたAlチップのリサイクル技術に関する最新の研究動向[22)～24)]が報告されるなど，Sustainable Development Goals（SDGs）に対応した循環型生産プロセスの開発が必要不可欠である。

最後に，日本塑性加工学会押出し加工分科会の主査などを歴任し，本章の執筆含め，押出し加工技術や産業の発展にご尽力された高辻則夫先生（富山大学名誉教授，2024年1月26日ご逝去）に対し，深い敬意を表するとともに，これまでのご指導に心より感謝申し上げます。（船塚達也）

5.

アルミニウムおよびその合金の接合

5.1 接合の定義と技術の概要

日本産業規格では溶接を「複数の部材を熱または圧力あるいはその両方を用いて連続した一体とする工程」と定義している[1)]。すなわち，溶接とは，① 複数の独立した部材に対して，② 熱や圧力の形でエネルギーを与えて，③ 連続した一体物とする加工技術である。その熱源の種類や圧力印加機構，さらには加工対象部材の状態変化経路が異なる多種多様な溶接技術が開発されてきた[2)]。溶接部が所期の性能を発揮するには，適切な溶接技術の選択と適切な溶接条件の設定が必要不可欠である。ここで誤解されやすいポイントとして，エネルギーの供給手段に制約が設けられているが，部材の溶接部を溶融させることは求められていない点に注意されたい。すなわち，部材を溶融させずに溶接を達成することも可能である。

各種溶接技術とその他の材料一体化技術を系統立てて分類し，まとめたのが**図 5.1** である。溶接以外にも，複数部材を一体化する技術として接着と機械的締結がある。これらも合わせて，複数部材を一体化する加工技術全体が広義の接合と解釈されることも多い。溶接技術については後述するので，ここでは接着と機械的締結について述べておくことにする。

接着[3)]は，対象部材の接着面に薄く塗布された有機接着剤を介して（熱や圧力を主たる一体化機構に関与させることなく）一体化を達成する技術である。熱や圧力は接着剤の乾燥固化や接着剤層の均一化などに利用されることがある

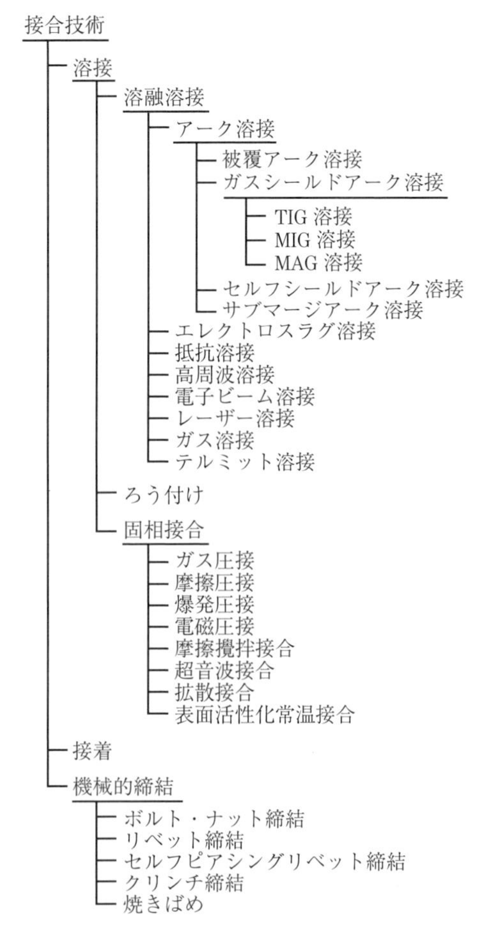

図 5.1　接合技術の分類

が，主たる機構である部材接着面と接着剤の化学結合形成には影響しない。

機械的締結[4),5)]は，対象部材の締結面どうしの化学的結合を形成することなく一体化を達成する技術である。ボルトやリベットなどの締結用部品を用いる方法と，これらを用いない焼きばめなどの方法がある。いずれの方法でも，部材どうしが締結面で強く押圧された状態を維持し，締結面での静止摩擦を利用して一体化状態を維持する。化学的結合を形成する必要がないため，部材接合面の化学的性質を考慮する必要がない一方，締結用部品が多数必要となったり，締結部に高い寸法精度が求められたりする。

接着と機械的締結はいずれものりしろや重ねしろを必要とする重ね継手となる点で共通しており，両者を組み合わせて用いることも多い。組み合わせることで，例えば機械的締結継手の封止性（気密性や水密性）などを向上させることができるなどの相補的な効果が得られる。締結時に接着剤塗布面が加熱される場合は接着剤の劣化に注意する必要があるが，締結プロセスの温度管理や耐熱性のある接着剤の使用によって解決することができる。

5.2　接合の原理と付随現象

機械的締結以外の方法では，複数部材の接合部で構成原子間の化学結合を形成する必要がある。化学結合には，イオン結合，共有結合，金属結合，水素結合，Van der Waals 結合の 5 様式があり，部材材質の組み合わせによって選択できる結合様式が限定される。

イオン結合は電子を引き寄せる力（電子親和力）が著しく異なる異種原子間の結合様式であり，同種原子の結合では生じない。

共有結合は異種原子間でも同種原子間でも形成し得るが，結合に寄与する価電子が結合する原子間に局在する。このため，原子間距離や結合間角度に裕度がなく，この様式で構成原子が結合した材料は高剛性で脆い性質を示す。

金属結合も異種原子間でも同種原子間でも形成し得る点で共有結合と似ているが，結合に寄与する価電子は 2 原子間に局在せず，自由電子となって移動する。外力を受けて個々の原子が移動することも許容するため，材料は高い靭性を示す。

水素結合と Van der Waals 結合は複数元素で構成された多原子分子間の結合様式であり，熱可塑性プラスチックスなどに見られる。分子内の原子どうしはおもに共有結合やイオン結合によって結合しているが，分子を構成する原子種ごとに電子親和力が異なるため，局所的な分極を生じる。この分極によって生じる分子間の弱い静電引力で分子どうしを結合しているため，熱可塑性プラスチックスの融点や沸点は無機材料や金属材料と比べて低くなることが理解できる。

金属製部材どうしを接合する場合，構成原子間で金属結合を形成することが望ましい。上述したように，金属結合は自由電子となった価電子で原子間結合を形成するため，結合が終端化しないという大きな特徴がある。すなわち，結合様式が金属結合である限り，新たな原子を結合形成可能な距離まで接近させれば自発的に結合が形成される。しかし，実際の金属材料の表面がそのように結合を形成することはない。これは，接合する前に，接合面がすでに雰囲気中のガス分子を吸着し，あるいはさらに強く結合して酸化物などを形成し，表面が終端化しているためである。

図 5.2 は金属材料表面の模式図である。金属材料の表面には酸化物層，吸着層，分極分子層で構成される表面層が存在しており，材料の表面エネルギーを低下させ，安定化させている。一方で，表面層は接合のための新たな原子結合の形成を阻害するため，接合するにはこの層の除去が不可欠となる。すなわち，接合に寄与する原子結合を形成するために，安定化した表面（接合面）に熱や圧力の形でエネルギーを供給して再活性化する必要がある。また，固体材

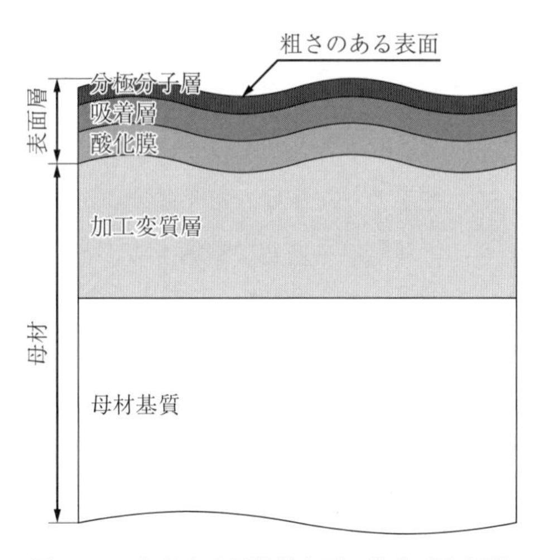

図 5.2　一般的な金属材料表面の構造（模式図）

料の表面には起伏があるため，原子間結合を形成できる距離まで接近している実質的な接触面積は接合面全体の中でごくわずかしかない。接触面積を増やすには，押圧力を強めて接触部に塑性変形を誘起し，接合面どうしを接近させたり，あるいは融点以上に加熱して流動させたり，溶融させない場合はクリープ変形や原子拡散を利用して間隙を原子で充填する必要がある。

以上をまとめると，接合を達成するために本質的に必要となるのは，

① 接合を阻害する表面層を除去する

② 接合面どうしを原子結合を形成可能な距離まで接近させる（あるいは空隙を充填する）

の2点である。しかし，これらの機構を作用させるために供給されたエネルギーのすべてがこれらだけに消費されることは考えにくく，同時に副次的な作用をもたらすことが多い。例えば，アルミニウム合金と鉄鋼材料を接合する場合，上記2点の機構にとどまらず，接合界面にFe-Al系金属間化合物相が形成され，この相が脆弱であるために継手強度が低下することが知られている。

このように，接合に必要な機構を作用させるために供給されたエネルギーにより不可避的に生じてしまう，意図とは異なる現象を付随現象と称する。付随現象には例に挙げた異材界面での反応のほか，接合温度からの冷却過程で生じる相変態や熱収縮などがある。相変態には，マルテンサイト変態など冷却速度に依存する場合や溶解度変化に伴う析出や気泡形成などがあり，継手強度に影響する現象が多い。熱収縮は継手の変形や継手内部の残留応力分布の直接的かつ主たる原因となって，継手の寸法精度や継手強度に影響する。継手の特性に悪影響が生じないよう，付随現象を適切に制御することも接合方案策定における重要な課題である。

5.3 アルミニウムおよびその合金が接合困難である理由

アルミニウムおよびその合金を接合する場合，アルミニウムを特徴づける種々の有用な性質が接合を困難にしている。以下でそれらをひとつひとつ見て

いこう。

まず挙げられるのが，アルミニウムの耐食性を担う表面の不動態膜（酸化膜）である。この不動態膜は高い絶縁耐圧性を有するため，放電や通電を利用して加熱する溶接技術では導通経路を安定化させることが困難となる。加えて，アルミニウムの高い電気伝導度（すなわち低い電気抵抗率）はジュール発熱には不利な材料特性である。十分な発熱量を得るには電流密度を高める必要があり，導通経路をプロジェクションなどを用いて意図的に狭く絞ったり，大電流を流したりしなければならない。

続いて挙げられるのが，アルミニウムの高い熱伝導性である。接合部に供給された熱エネルギーが迅速に周囲に散逸するため，接合部の温度を上げにくい。アルミニウムの比熱および溶融潜熱も金属材料の中では大きい部類にあることと相まって，この高い熱伝導性により狭い範囲の局部的な加熱はレーザーや電子ビームなどの高エネルギー密度熱源を用いる必要がある。それ以外の方法で溶融させる場合，かなり広い範囲で溶融池が形成されることとなるが，このときアルミニウム融液の表面張力が低いことが問題となる。裏面まで溶け込むルート部の溶接や薄板の溶接，下向き以外の溶接姿勢では，溶融池の形状維持が困難となる。

アルミニウムが密度わずか $2.7\times10^3\ \mathrm{kg/m^3}$ という軽金属材料であることも[5)]，溶融溶接では問題を生じる原因となる。アルミニウムは酸素との親和性がとても高い元素であり，超高純度のシールドガスを用いたり，あるいは超高真空中で接合したとしても，露出した金属基質の酸化は防げない。例えば鉄鋼材料の溶接では，接合前から存在している酸化膜や溶接中に生じた酸化物は，溶融した母材との密度差によって浮力を生じ，下向き溶接を行う限り，溶融池表面に浮いたままスラグとして留まろうとする。しかしアルミニウムの溶接ではこの密度差が非常に小さいため十分な浮力が得られず，酸化物が溶融池内の対流に巻き込まれて継手内に残留しやすい。これはスラグ巻き込みと称する溶接欠陥であり，疲労破壊の起点となるなど継手特性に悪影響を及ぼす。

第1章で述べられているように，アルミニウムは種々の元素を合金化して利用することが多い。なかでも熱処理型合金と称される合金は，過飽和固溶体から結晶粒内にGPゾーンや中間相などが析出した化学的に非平衡な状態で得られる高い材料強度を利用しているため，加熱プロセスを含む接合技術の多くはこの非平衡状態の維持が困難であり，材料強度の低下を防ぎえない。この材料強度低下は過時効と称し，加熱に伴う化学的に安定な多相分離状態への不可逆的な移行が原因である。強度回復には継手を含む製品全体の熱処理（再溶体化処理と時効処理）が必要となるが，製品の寸法精度維持が求められる状態での熱処理は現実的ではない。次善の策として，このように材料強度が低下する範囲を抑制したいが，先に述べた高い熱伝導性も相まって，この範囲は接合界面近傍にとどまらず，接合のために供給されたエネルギーで一定温度以上に加熱された広い領域に及んでしまう。

また，アルミニウムは熱膨張率が室温でも約 $2.2\times10^{-5}\ K^{-1}$ と他の材料よりも大きいため[6]，温度変化を伴う溶接・接合プロセスでは継手内部に残留応力を生じる。この残留応力の中で特に有害となるのが表面近傍の引張残留応力であり，継手部が受けたわずかな損傷から開口が促されて継手特性の低下を招き，継手寿命を短縮する。残留応力については次節でもう少し詳しく説明する。

その他，アルミニウム合金に意図的に水素を添加することはないが，液相アルミニウムと固相アルミニウムの水素溶解度には大きな差がある点にも注意を要する。これは凝固時に水素濃度が飽和し，ブローホールを生じる原因となるためである。水素の混入は大気やシールドガス中の水分のほか，部材や溶加棒の表面に吸着した水分や有機物などがある。このため，接合前には接合面を洗浄し，よく乾燥させることが必要となる。

5.4 残　留　応　力

アルミニウムおよびその合金の接合では，例えば放熱器のように部品全体に分布する多数の接合部を同時に接合するような場合以外は全体を接合温度まで昇温することはなく，ほとんどの場合は接合部のみを局所的に加熱して接合を達成する。このときに問題となるのが残留応力である。前節で述べたように，アルミニウムの熱膨張率は金属材料の中でも大きい部類にあり，発生する残留応力も大きくなりやすいため，対策が必要となる。残留応力への対策は継手特性や寿命，寸法精度やその経時変化など，製品製造における大部分の問題解決に直結する。

接合前の一方の部材が使用温度または室温において有する自然長と，接合後の同じ部位の長さが接合相手材からの拘束を受けることによって差異があるとき，その差異に相当するひずみが接合によって材料内部に生じた残留応力によってもたらされると考える。基本的に材料力学に則って考えるが，接合プロセスにおける温度変化に伴う，①熱膨張・収縮による自然長の変化と，②降伏点の変化をつねに考慮せねばならないため，一般的な材料力学で取り扱う現象と比べて著しく複雑である。

残留応力はその発生機構によって，局所加熱によるものと異材界面で生じるものに大別できる。局所加熱による残留応力の発生は，同種材接合においても避けられない。また，意図的に接合部だけを加熱する場合以外（例えば全体を加熱した場合）であっても，局所的な昇温速度の差異によって温度分布が生じれば，残留応力が発生する点にも注意が必要である。

局所加熱による残留応力は，接合のために高温となった部位が冷却過程において熱収縮しようとするのを加熱されていない部位が拘束することによって発生する。**図 5.3** に示すように，同じ寸法の棒を 3 本用意し，これらの両端を断熱材を介して 2 本の剛体梁に連結した状態を考えよう。そして，中央の棒だけを加熱したときにどのような変化が生じるかを追ってみる。加熱されることで中央の棒は膨張しようとするが，常温のままである両側の棒と梁で連結されているため，自由に膨張することができない。両側の棒は膨張しようとする中央の棒によって引っ張られ，中央の棒は反作用で圧縮される。中央の棒の温度を上げていくと，降伏点の低下によって圧縮塑性変形するようになる。この状態から常温に戻すと，塑性変形によって自然長が縮んだ中央の棒は，元の自然長近くまで引っ張られる。こうして，加熱された部位に引張応力が，そしてそ

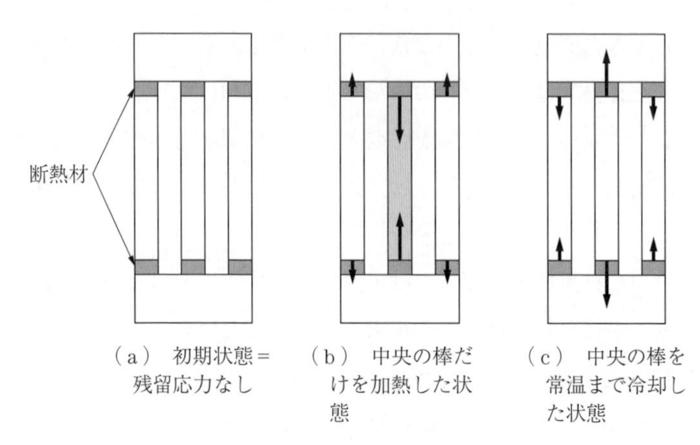

図 5.3 局所加熱による残留応力の発生機構
（矢印は各棒に作用する応力の向きを示す）

の近傍の材料には圧縮応力がつねに作用した状態が作り出される。これが残留応力である。

それでは加熱を続けて中央の棒が形状を保ったまま溶融したとしよう。中央の棒を変形させる力は不要となるため，両側の棒は中央の棒の膨張によって生じる引張応力から解放され，自然長に戻る。一方，中央の棒は膨張した体積を保ったまま，長さは元の自然長に戻るため，棒は半径方向にのみ膨張する。この状態から冷却して常温に戻すことを考えよう。まず，凝固点において凝固収縮を生じるが，長さが両側の棒によって拘束されているため，中央の棒は軸方向に引っ張られ，半径方向にのみ収縮する。凝固点直下の材料の降伏点は非常に低いため，この過程で生じる変形の大部分は塑性変形である。それゆえ，凝固収縮は固体材料の温度変化に伴う膨張・収縮よりもはるかに大きな体積変化を伴う現象であるが，これによる残留応力は無視できるほど小さい。冷却を進めるに従って降伏点が上昇するが，回復温度以上の温度域では塑性変形に伴う加工硬化を考慮する必要がないので，降伏点の温度依存性を把握すれば十分である。残留応力の大部分は，回復温度以下の低温域で冷却に伴って生じようとする寸法変化を拘束するために要する応力として発生する。

異材界面での残留応力は，材料ごとに異なる熱膨張率の差により，接合温度からの冷却過程において異なる収縮量を生じようとするところを接合部が拘束することによって発生する。その機構を誇張して模式的に示したのが**図 5.4**である。一般的に熱膨張率が大きいアルミニウム合金側に引張応力，相手材料側に圧縮応力を生じることになる。この残留応力は収縮の拘束によって生じるため，収縮量が大きくなる長い接合線や広い接合面で顕著となる。また，収縮の中心となる位置の近傍では残留応力が小さくなる一方，接合の始点や終点をはじめとする端部では残留応力が大きくなるように分布する。したがって，最も大きな残留応力が発生するのは接合部の端点や外縁となる。すなわち，継手にとって最も有害となる部位で残留応力が大きくなるのである。

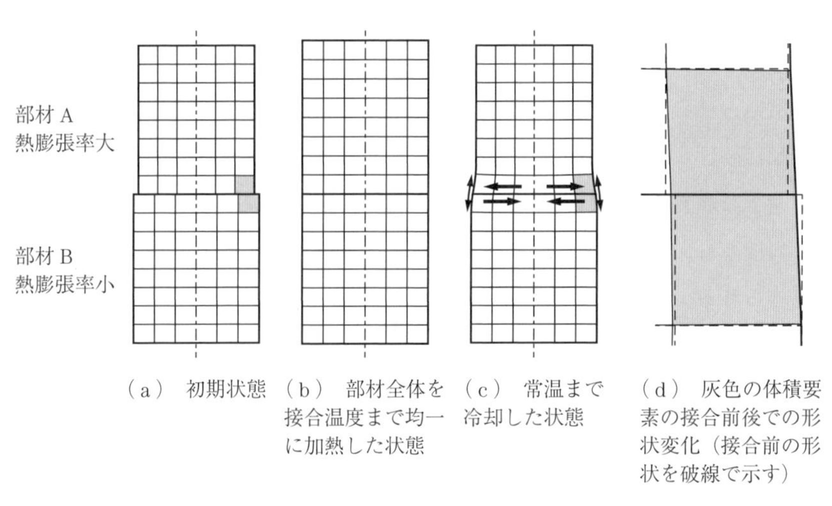

図 5.4　異材接合における残留応力の発生機構（矢印は各体積要素に作用する応力の向きを示す）

図 5.4 で灰色に着色した体積要素の接合前後での変形に注目してほしい。図（d）に示すように拡大して比較すると，熱膨張率が大きい側も小さい側も，接合面に垂直であった線素が傾斜して伸びており，引張変形を受けていることがわかる。異材継手では，この引張応力を受けている部位を起点とし，接合部近傍の母材を経路とする破断がよく見られる。このような破断形態で，接合部で破断していないことを理由に接合部が健全であると判断するのは早計であ

り，むしろ接合における残留応力対策が不十分であると考えるべきである。

異材界面での残留応力分布をさらに複雑化するのが，界面反応によって生じる化合物である。化合物相は，異材界面を横断する一次元的な原子拡散によって生じるため，接合界面に層状の形態で形成されることが多い。この層の熱膨張率が両母材の中間値をとる場合は残留応力が緩和される期待がもてるが，多くの場合は両母材よりも小さな値となる。このとき，熱膨張率が大きい側となる場合が多いアルミニウム合金側の残留応力がより大きくなりやすい。

5.5 アルミニウムおよびその合金に用いられる接合技術

本節では，図 5.1 に挙げられている接合技術のうち，アルミニウム合金によく用いられるものを選んで概説する。個々の溶接技術の詳細に関しては，参考文献に挙げたそれぞれの専門書を参照されたい。アルミニウム合金の接合技術は大きな需要を背景に急速に進歩しており，画期的な革新をもたらす可能性をもつ技術もあるため，つねに学術誌などの最新情報に触れ，適用可否の判断が求められる。

5.5.1 溶 融 溶 接

被接合材料の溶融を伴う溶融溶接では，アーク溶接，レーザー溶接，抵抗溶接が一般的によく用いられる。ガス溶接はフラックスによる被接合材の酸化防止が必要であるため，現在は限定的な用途でしか使用されていない。

アーク溶接[2),7)]では，TIG 溶接と MIG 溶接がよく用いられる。両者ともガスシールドアーク溶接に分類される技術であり，シールドガスを用いてアーク放電を点弧し維持する点で共通しているが，TIG 溶接が非消耗式電極を溶接トーチとして使用し，溶加材を脇から供給しながら溶接するのに対し，MIG 溶接では溶加材を消耗式電極として使用する点で異なる。この違いによって，溶接電源を含めた多くの点で差異が生じる。

TIG 溶接ではトーチ側電極の損耗を防止するために電子放出による冷却が行

われる（すなわち電極を負極とする）が，5.3 節でも述べたように，アルミニウム合金の表面を覆う不動態酸化膜の存在により，導通経路が安定しない。このため，電極を正極とすることでアルミニウム合金表面からの電子放出と放電ガスイオンが材料表面に衝突するイオンブラストを誘起し，このときに表面酸化膜が除去されるクリーニング作用を利用する必要がある。しかし，電極を正極のまま維持すると電極寿命が著しく短縮するので，周期的に電極特性が反転する交流電源が使用される。一方，MIG 溶接では電極の溶融を促進することで生産性を高めることができるため，電極を正極とする直流電源が使用される。さらに，MIG 溶接は自動化が容易であることも高い生産性を支えるポイントとなっている。継手品質は TIG 溶接のほうが優れるが，生産性は MIG 溶接のほうが高い。

レーザー溶接[8]はレーザー光をレンズで集光することで，アークの 1 000 倍を超える高いエネルギー密度を実現し，溶接部を集中的に加熱することができる。アルミニウム合金でも深い溶け込みが得られ，溶接部近傍の熱影響範囲を狭くすることができるなど多くのメリットがあり，アルミニウム合金の接合への適合性が高い。大気中での施工が可能であることも，類似技術である電子ビーム溶接と比較した場合，大きなアドバンテージとなる。レーザーの波長によってファイバー伝送ができるものとできないものがあり，できない場合はミラー伝送が必要となる。

アルミニウム合金は他の金属材料と同様に光の反射率が高い一方，レーザー光は酸化膜を透過して直接金属基質に到達することができる。材料表面に到達したレーザー光のうち，材料に熱として吸収される割合は，材料の材質とレーザー光の波長で定まる。吸収されなかった光は反射されるため，反射光の経路に作業者や溶接機器が来ないように注意する必要がある。レーザー光からのエネルギーの吸収効率を高めるため，キーホールと称する深穴状の溶融池を形成し，その中で光が反射を繰り返しながらエネルギーを材料に伝えられるようにするなどの工夫がなされている。近年は高効率高出力のレーザー光源が開発され，自動化とともに光ファイバートーチの駆動ロボットアームやミラーの駆動速度も向上している。

抵抗溶接[9]は，接合面を接触させた状態で押圧し，表面酸化膜の絶縁耐圧を超える電圧を印加して通電し，接触界面近傍を溶融・凝固させ，接合を達成する溶接技術の総称であり，種々の技術が開発されてきた。いずれも板材どうしの重ね継手の製造に使用される。接合面に突起部（プロジェクションと称する）を設けて接触位置を規定するとともに電流密度を上げるプロジェクション溶接も抵抗溶接の一種である。接触箇所の材料が発熱体となるため，エネルギー効率が高い。また，局所的に加熱されるため，熱影響部（HAZ：heat affected zone）の範囲を狭く抑えられる。

アルミニウム合金の抵抗溶接には問題点が二つある。一つは，部材どうしの接触部だけでなく，溶接電極と部材の接触面でも放電を生じることである。これにより電極と部材が融着したり化学反応を生じたりして電極寿命を短縮する。アルミニウム合金の抵抗溶接では，アルミニウム合金の電気抵抗は小さいが，表面酸化膜の絶縁耐圧が高いため，印加する電圧を高くせざるを得ず，必要以上の大電流が流れやすい。通電時間により供給する電気エネルギー量を制御することができるが，非常に短時間の通電で定常電流ではないため，難しい場合もある。もう一つの問題点は，1 箇所を接合した状態でつぎの接合箇所を接合するとき，先に接合した部分が通電経路となって，後の接合部に効果的にエネルギーを供給しにくくなることである。このため，抵抗溶接では溶接スポットの間隔を一定以上開けなければならないが，アルミニウム合金は電気抵抗が低いため間隔を広くとらなければならなくなる。

5.5.2 ろう付け

ろう付け[10]とは，被接合材よりも融点が低い材料（ろう材）を溶融させて接合する部材の間に流し込んで凝固させることで，部材を溶融させることなく接合を達成する技術である。例えば冷媒管と冷却フィンの接合など，複雑な形状を有する接合部が多数あるような場合でも一回の処理で同時多点接合することが可能であるなどのメリットがあり，広い製品分野で適用されている[5]。

ろう材はアルミニウム合金母材よりも機械的性質，電気的性質，化学的性質で劣る場合が多く，継手特性の低下を最小限に抑えるためにろう材を流し込む間隙をできるだけ狭くすることが一般的である。この狭い間隙をすきまなく充填するためには，アルミニウム合金（固相）と溶融したろう材の濡れ性が良好でなければならない。

しかし，アルミニウム合金の表面を覆う酸化膜がこの濡れ性を悪くするため，フラックスを用いて酸化膜を除去し，ろう材が到達するまで表面を保護する必要がある。アルミニウム合金の表面酸化膜は化学的安定性が高いため，一般的なフラックスでは分解除去が難しく，強い腐食性を有するフッ化物系フラックスが用いられる。接合後の洗浄工程でフラックスを完全に除去しなければならない点に注意を要する。

5.5.3 固相接合

固相接合は部材を溶融させることなく接合を達成する技術の総称である。融点よりも低い温度で接合を達成する低温接合であるため，時効硬化性を有する高強度熱処理型アルミニウム合金にも適用可能であり，アルミニウム合金母材の特性低下や残留応力を抑えることができるなどの共通した長所を有する。アルミニウム合金の接合に適用される代表的な固相接合技術として，摩擦攪拌接合，摩擦圧接，超音波接合が挙げられる。それぞれ得意とする部材形状に制約があるため，部材形状や寸法に応じて使い分けられている。

摩擦攪拌接合[11),12)]は，従来はリベット締結でしか継手が作製できなかった7000系高強度アルミニウム合金にも適用可能であり，現在も活発な研究開発が進められている先進的な接合技術である。板材どうしの接合に適している。接合する板の厚さに合わせた突起（プローブと称する）がある専用工具（FSWツールと称する）を使用し，ツールを回転させながらプローブ部を材料接合部に深く差し込み，接合部とその近傍を摩擦熱で加熱しながらプローブの回転に合わせた材料の塑性流動を誘起して接合部を攪拌混合する。プローブにはねじ形状を付与して攪拌の効率を高めている。攪拌されることで材料の接合部表面を覆う酸化膜は破壊され，接合組織内に分散され，塑性流動によって間隙の充填も即時に行われる。

摩擦攪拌接合によって得られる継手組織は，プローブが通過した部位であり強い攪拌を受けて動的再結晶を繰り返して形成された攪拌部（SZ：stir zone），その近傍で塑性加工を受けているが再結晶を生じていない熱加工影響部（TMAZ：thermo-mechanically affected zone），塑性加工を受けていないが熱により変質しているHAZで構成される。特徴的なのは，ツールの回転方向と接合方向が一致する側（AS：advancing side）とそれらが逆向きになる側（RS：retreating side）で組織が左右非対称となる点である。継手特性や接合欠陥の分布にもこの非対称性が影響する場合もあるため，特性評価を片側だけに省略することは適切ではない。これは他の接合技術では見られない特徴であるため，注意が必要である。

摩擦圧接[13)]は軸や管などの長尺部材の端面どうしや端面と板面の接合に適する接合技術である。通常，摩擦工程とアプセット工程の2工程で構成されるプロセスを経る。摩擦工程では接合面どうしを押圧しながら接合面に平行な方向への相対運動を与えて接合面どうしを摺動させることにより，接合面の酸化膜を破壊するとともに，摩擦熱を発生させて近傍の材料を軟化させる。そしてアプセット工程では相対運動を停止した上で摩擦工程よりも一層強い力で接合面どうしを押圧し，酸化膜の破片を熱で軟化した母材組織もろともばりとして排出する。継手組織には酸化膜がほとんど残存しないだけでなく，HAZの範囲も供給したエネルギーに対して狭く抑えることができる。

従来，摩擦工程での相対運動は一方の部材を固定し，他方を回転させて摺動させる回転式がほとんどであったが，近年は一方向に単振動摺動させるリニア摩擦圧接が開発され，注目されている。回転式では接合面が円形または円環形状である必要があるのに対し，リニア式では方形状の面も接合できる。また，回転式では回転軸中心での相対運動がなく，軸中心からの距離とともに増大するため，接合面の中心と最外縁で摩擦発熱量が異なる。このため，複雑な熱伝導シミュレーションを行わなければ摩擦工程での温度制御が困難となる。リニア式では摺動面全体の発熱量が均一となるため，摩擦工程の温度制御が容易となる。

超音波接合[14]は微細な配線用線材と電極板・端子を接続する技術として，電子部品の組立工程で活用されている。部材接合面どうしの単振動摺動により表面酸化膜を破壊するとともに，配線材の塑性変形を誘起することによって接合面積を拡大する。リニア摩擦圧接と似た接合機構であるが，振動周波数が 20 〜 200 kHz と著しく高い一方，振動振幅が小さく，超音波を印加する時間も 0.01 〜 1 s 程度と非常に短い。また，通常，アプセット工程は省略される。これらの特徴から，被接合材料への熱的および力学的負荷を接合面近傍の表層域のみにとどめ，硬くて脆い半導体を損傷することなく，その上の電極と配線材の接続を実現している。超音波接合ははんだを使わずに部材を接続でき，接続端子の間隔を狭くした高密度実装を実現できる。近年は生産性向上の決め手となる多点同時接続のほか，応用分野を拡大して太径線材や線材を複数本束ねたワイヤの接続もできるように技術開発が進められている。

6. アルミニウムの表面処理

6.1 アルミニウムの用途と表面処理

アルミニウムは，**表 6.1** に示すようにさまざまな分野で使用されている[1)]。特に建設分野や輸送分野（自動車，鉄道車両，航空機など）での軽量化，性能向上に対してアルミニウムの果たす役割は大きく，今後も自動車産業，IT 産業，宇宙航空産業など，さまざまな産業の発展にアルミニウムが大きく貢献すると期待されている。

アルミニウムは，金属特有の金属光沢を呈し，大気中で形成される自然酸化皮膜によって素材の表面が覆われているため，耐食性が良好な金属として知られ，特別な表面処理を施すことなく使用される場合もある。しかしながら，装飾性，防食性，意匠性などが要求される使用環境，使用用途では，多種多様な表面処理が施される。アルミニウムの表面処理は，耐食性，装飾性の付与を主たる目的として当初研究開発されてきたが，用途の拡大，時代の変化の中で，耐摩耗性，磁性，導電性，親水性・撥水性など新しい機能を付与する表面処理も研究開発され，今では幅広い産業分野のニーズに応え，多方面で現代社会を支えている。

表面処理は，使用するアルミニウムの製造方法（板，押出し，鍛造，鋳造など），素材形状（板，箔，管，棒，粉末など），合金組成に応じて最適な処理方法の選択が必要であり，併せて，要求される表面機能を発現させる必要がある。**図 6.1** に表面処理のおもな工程，**表 6.2** に表面処理のおもな目的を示す。

表6.1 アルミニウムのおもな用途

分　類	おもな用途
建築，土木	ビル用建材，住宅用サッシ，アルミ特殊窓，アルミ樹脂複合サッシ，フェンス，自動ドア，門扉，カーポート，バルコニー，テラス，サンルーム，シャッター，玄関ドア，橋梁，転落防止策
自動車，モーターサイクル（二輪車）	自動車用材料，熱交換器，ホイール，トラック架装，エンジン部品，シリンダーヘッド，オートバイ，自転車（シティサイクル，スポーツサイクル）
船舶，鉄道車両，航空・宇宙	船舶，船外機，ボート部品，新幹線，航空機
電力，電気通信機器，電子機器	電線，電線金具，磁気ディスク基板，電解コンデンサー
家電製品，日用品	家庭用品，エアコン，パソコン，調理器具
精密機械	医療機器部品，ロボット部品，真空チャンバー，OA（office automation）機器
缶，包装・容器	飲料アルミ缶，ボトル缶，アルミホイル，食品や薬品の包装材
印刷，銘板	PS版（presensitized plate），ネームプレート
スポーツ，レジャー	釣具，野球バット，キャンプ用品

要求される表面機能に応じて，最適な表面処理を単独あるいは複合的に実施する必要がある[2)]が，本章では個々の表面処理方法について概説する。新しいアルミニウム合金の開発，今後さらに厳しくなると予想される環境法令，プロセスの省エネルギー化など，表面処理に対する高い要求と期待に応えるためにも，各処理の原理，目的を本質的に理解することがきわめて重要である。

6.2 前　処　理

6.2.1 脱　　脂

各種製造工程を経て，板，管，棒などさまざまな形状に加工されたアルミニウムの表面には，油脂をはじめとする有機成分（切削加工油，防錆油，潤滑剤，グリースなど）や切粉，研磨剤などの無機成分など，多種多様な汚れが付着している。これは，アルミニウム固有の問題ではなく，機械加工や塑性加工が施

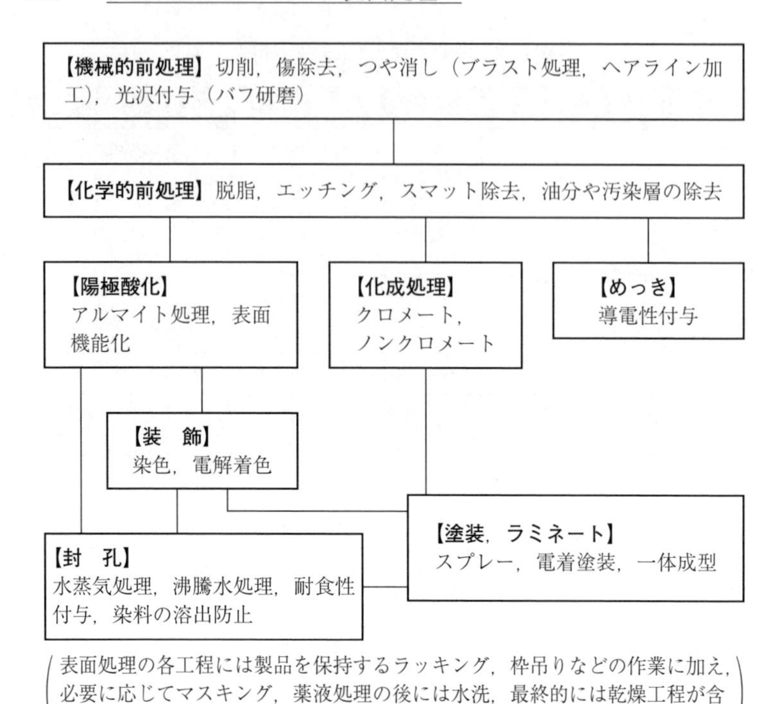

図 6.1　アルミニウムの表面処理のおもな工程

表 6.2　表面処理のおもな目的

処　理	おもな目的
機械研磨，ブラスト処理，バフ研磨	傷除去，つや消し，光沢付与
脱　脂	油分や汚染層の除去
化学研磨，電解研磨	光沢付与，表面平滑化
化成処理	耐食性付与（防錆），密着性・接着性の改善（塗装下地）
陽極酸化（アノード酸化）	耐食性付与，耐摩耗性の付与，塗膜下地，装飾性付与，潤滑性付与
染　色	装飾性（カラーバリエーション）付与，着色
封　孔	耐食性付与，退色防止
めっき	導電性付与，耐摩耗性付与，装飾性付与
塗　装	耐食性付与，装飾性付与，親水性・撥水性付与

される多くの工業製品全般に当てはまることである[3]。最終製品における各種表面処理の仕上がりだけでなく，寸法精度は前処理後のアルミニウム表面の状態（性状，形態）に影響を受けるため，表面の清浄化，不純物の除去は重要な表面処理工程である[4]。

代表的な水系洗浄剤には，酸性，中性，アルカリ性の種類があり，用途に応じて使い分けられるが，アルミニウム表面の脱脂用には弱アルカリ性洗浄剤が一般に使われる。界面活性剤を添加した水酸化ナトリウム水溶液やリン酸ナトリウムなどが典型的であるが，洗浄後に洗浄剤を洗い流す工程も軽視できない。また，前処理を施した製品を長時間放置すれば，その表面には再度汚れが付着するため，一般には前処理から後処理まで，一連の工程を連続で実施するのが望ましい。洗浄には，洗浄剤に製品を浸漬して超音波を照射する方法や，揺動洗浄，バレル洗浄などの浸漬方式だけでなく，シャワーやスプレーで洗浄剤を噴き付ける噴射式がある。いずれの手法でも，時間をかけずに均一に，かつ確実に汚れを除去することが肝要である。

6.2.2 機　械　研　磨

機械加工が施されたアルミニウム表面には加工変質層が形成されている。また，鋳物品には表層に湯じわ，巣穴，酸化物あるいは金属間化合物の偏析など欠陥が存在する。そのような表面欠陥を機械的に除去する工程が機械研磨である。

製品の外観において，つや消し，マット仕上げとも呼ばれる処理は，粗面化が目的であり，アルミニウム表面の光沢を下げる作用がある。金属粒子や酸化物などをアルミニウム表面に叩きつけるブラスト処理や，髪の毛のように細い線状の凹凸を単一方向に形成するヘアライン加工が代表的な研磨法である。ヘアライン加工はつや消しの効果があり，鏡のような映り込みは軽減されるが，光沢や反射などアルミニウム特有のマットな質感を維持することができる。

一方，鏡面化，光沢付与を目的とした機械研磨もある。ポリシングクロスに対して研磨剤と潤滑剤を介した状態で加工対象を押し付けて研磨する手法は，柔らかい布で磨くという英単語（buff）が語源で，一般にバフ研磨と呼ばれている。アルミニウムをバフ研磨する際の研磨剤には，焼成アルミナ（Al_2O_3），けい石（SiO_2），酸化鉄（Fe_2O_3）などの酸化物が用いられるが，これらの研磨剤が加工対象であるアルミニウムの表面に残ったまま，次工程の処理を行うと目的とする処理が達成されないため，研磨剤だけでなく研磨の過程で生じた不純物を洗浄する必要がある。

6.2.3 化学研磨，化学エッチング

アルミニウム上に存在する自然酸化皮膜の除去を目的に行われる化学研磨には，アルカリ性水溶液（例えば，水酸化ナトリウム）が用いられる。両性金属であるアルミニウムは水酸化ナトリウム水溶液に容易に溶け，その際に発生する水素ガスによって，物理的に付着している油脂類を除去することができる。工業的には水酸化ナトリウムの濃度5～15％，処理温度は50～90℃，処理時間は数秒から数分の範囲で，目的に応じて処理される。溶出したアルミニウムはエッチング液に蓄積され，エッチング液の溶解能力の低下を招く。アルミニウムイオン濃度が過飽和状態になると，酸化アルミニウムの沈殿（スケール）が以下の反応によって生じる[5)]。

$$2Al + 2NaOH + 2H_2O \rightarrow 2NaAlO_2 + 3H_2 \tag{6.1}$$

$$2NaAlO_2 + 4H_2O \rightarrow 2NaOH + 2Al(OH)_3 \tag{6.2}$$

$$2Al(OH)_3 \rightarrow Al_2O_3 \cdot 3H_2O \tag{6.3}$$

また，水酸化ナトリウムのような強塩基を用いる場合，条件によってはアルミニウムを必要以上に溶解するため，素材の光沢を維持したい場合の前処理にアルカリエッチングは不向きである。

アルカリエッチングの欠点を補うために開発された酸によるエッチングも実用されている。アルミニウムの溶解量がアルカリエッチングに比べて約1/5～1/3で液寿命が長い，スケールが生じないなどの特徴をもつ[5)]。いずれのエッチングにおいても，研磨対象の製品の合金成分や金属組織に適したエッチング液の選定が必要になるが，エッチング液の化学的な溶解力を利用する手法であるため，製品形状やサイズ，数量に対して処理過程での自由度が高いと考

えられている。

エッチングは，アルミニウムの表層を化学的に溶解する過程で，自然酸化皮膜も除去し，次工程に対して清浄なアルミニウム表面を提供するものである。しかしながら，水酸化ナトリウムなどでアルカリエッチングを施した場合，合金成分として含まれている銅，ケイ素，鉄などはアルカリ領域で不溶であるため，処理を施したアルミニウム表面に有色の付着物が残存する場合がある。アルミニウムの合金成分を主成分とするこの付着物はスマットと呼ばれ，例えば，Si，$TiAl_3$，β-AlMg，$CrAl_7$ などはアルミニウムよりも溶解速度が遅いので残渣として表面に付着する。スマット除去（デスマット）には，10～30％の硝酸など酸性溶液が用いられる。酸性エッチングの場合，スマットの発生量が少ないので水洗だけでスマットを除去できる場合が多いが，アルカリエッチング時は，後工程で悪影響を及ぼさないようにスマットの除去が必要である。また，自然酸化皮膜は大気中で速やかに生成するため，連続する後工程を実施する直前に化学エッチングを行う必要がある。

6.2.4 電解研磨，電解エッチング

アルミニウム製品の表面を平滑化するために，電気化学的にアルミニウムを溶解させる処理を電解研磨という。研磨対象を陽極に配置し，電気分解を通じてアルミニウム表面を強制的に溶解させる。一般に凸部ほど電流が集中し，優先溶解するため，一定時間経過後，最終的には平滑な鏡面状の表面を得ることができる。広範囲において均一に仕上げるためには，製品（陽極）と対極（陰極）との距離や配置，攪拌，電解液種，温度，電流・電圧パラメーターの最適化など，作業者のノウハウによるところが大きい[6)]。

また，特殊なエッチングの例としては，アルミニウム電解コンデンサーの陽極箔の高容量化を目的としたエッチング（拡面処理）がある。厳密には化学エッチングと電解エッチングの２種類があり，両者を併用する場合もある。高圧用コンデンサーの陽極箔の場合，箔内部の面積を拡大するために，通常は塩化物イオンを含む電解液中でアルミニウムの位置選択的なアノード溶解を制御

し，トンネル状に電解エッチングが施されている。コンデンサー用のアルミニウム電極の表面処理に関しては専門書を参照されたい[7]。

6.3 陽極酸化処理

6.3.1 バリヤー型陽極酸化皮膜

アルミニウムを電解質水溶液に浸漬し，陽極（+）として分極すると，アルミニウムが電子 e^- を失ってアルミニウムイオン Al^{3+} が生じる。

$$Al \rightarrow Al^{3+} + 3e^- \quad (6.4)$$

電子が放出される電気化学反応を酸化反応と呼び，分極して酸化反応を生じさせる電気化学プロセスを陽極酸化（アノード酸化）と呼ぶ。式（6.4）の酸化反応によって生成したアルミニウムイオンが，そのままカチオン（陽イオン）の状態として水溶液中に電離したまま存在するか，アニオン（陰イオン）と結合して何らかの化合物を作るかは，電解質水溶液の種類や濃度，pH，温度など，さまざまな環境因子に影響を受ける。例えば，塩化物イオンを含む水溶液にアルミニウムを浸漬して陽極酸化すると，式（6.4）の反応に従ってアルミニウムがイオンとして溶解し，徐々に失われる（電解エッチング）。一方，アルミニウムを，水素イオン指数（pH）が中性付近のホウ酸塩やリン酸塩水溶液に浸漬して陽極酸化すると，以下の電気化学反応式によってアルミニウム表面に酸化アルミニウム（アルミナ）が生成する。

$$2Al + 3H_2O \rightarrow Al_2O_3 + 6H^+ + 6e^- \quad (6.5)$$

この際，陽極酸化によって生成したアルミニウムイオンは，水分子の酸化物イオンと結合してアルミナとなる。**図6.2**（a）は，式（6.5）の電気化学反応によってアルミニウム上に生成したアルミナの断面の模式図を示している。アルミニウム上には薄くて均一な厚さをもつアルミナ層があり，このアルミナ層をバリヤー型陽極酸化皮膜（バリヤー皮膜）と呼ぶ。陽極酸化によってアルミニウム上にバリヤー皮膜が生成したのち，さらに陽極酸化を継続すると，バリヤー皮膜は陽極酸化時間とともに厚くなる。アルミナが絶縁体であるにもかか

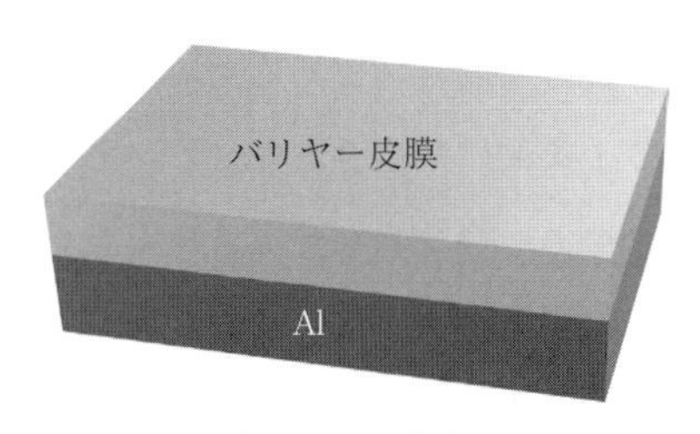

（a） 断面の模式図

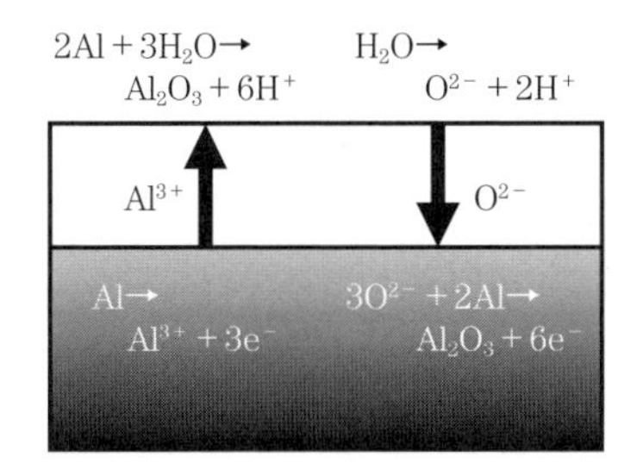

（b） イオン伝導による皮膜の成長

図 6.2 バリヤー型陽極酸化皮膜

わらず，陽極酸化によってバリヤー皮膜が厚くなる理由は，以下の機構による（図 6.2（b））。陽極酸化中，電解質水溶液/アルミナ界面では以下の電気化学反応によって酸化物イオン O^{2-} が生じる。

$$H_2O \rightarrow O^{2-} + 2H^+ \tag{6.6}$$

生成した酸化物イオンは，バリヤー皮膜の内部をアルミナ/アルミニウム界面に向かって移動する（イオン伝導）。アルミナ/アルミニウム界面に達した酸化物イオンはアルミニウムと反応し，アルミナが生成する。

$$3O^{2-} + 2Al \rightarrow Al_2O_3 + 6e^- \tag{6.7}$$

一方，アルミナ/アルミニウム界面では，以下の電気化学反応もまた同時に生じている。

$$Al \rightarrow Al^{3+} + 3e^- \tag{6.8}$$

ここで生じたアルミニウムイオンは，バリヤー皮膜の内部を酸化物イオンとは逆方向，すなわち電解質水溶液/アルミナ界面に向かって移動し，水と反応してアルミナとなる。

$$2Al^{3+} + 3H_2O \rightarrow Al_2O_3 + 6H^+ \tag{6.9}$$

このように，陽極酸化によるバリヤー皮膜の成長過程では，電解質水溶液/アルミナ界面とアルミナ/アルミニウム界面の二つの界面で同時にアルミナの生成反応が生じ，バリヤー皮膜が厚くなる。一方，アルミナの厚さが数百 nm になると限界に達し，絶縁破壊が生じる。陽極酸化によって生成するアルミナはアモルファス（非晶質）であり，結晶構造をもたない。アルミナ中には，電解質水溶液のアニオンが取り込まれている場合が多い。

陽極酸化により生成したバリヤー皮膜は良好な誘電体であるため，アルミニウム電解コンデンサーの誘電体皮膜として工業的に利用されている。この際に用いられるアルミニウムは，純度 4N（99.99 %）程度の高純度アルミニウムである。一方，各種固溶体や金属間化合物を含むアルミニウム合金を用いて同様の陽極酸化を行うと，アルミナの生成以外のさまざまな反応，例えば添加元素の溶解や酸化物の形成，酸素ガス発生などが生じ，これらに伴って図 6.2（a）に示したような均一なアルミナ皮膜を形成することは困難となる。そのため，アルミニウム合金上にバリヤー皮膜を形成して工業的に応用する例はほとんどない。

6.3.2　ポーラス型陽極酸化皮膜

アルミニウムを硫酸，シュウ酸，リン酸，クロム酸などの酸性水溶液に浸漬して陽極酸化すると，中性水溶液とは異なり，無数のナノ細孔をもつポーラス型陽極酸化皮膜（ポーラス皮膜）が生成する。**図 6.3**（a）は，酸性水溶液を用いた陽極酸化によって生成したポーラス皮膜の断面の模式図を示している。理想的なポーラス皮膜のナノ構造は，蜂の巣（ハニカム）構造によく類似している。ポーラス皮膜はセルと呼ばれる六角形の基本構造からなり，各セルの中

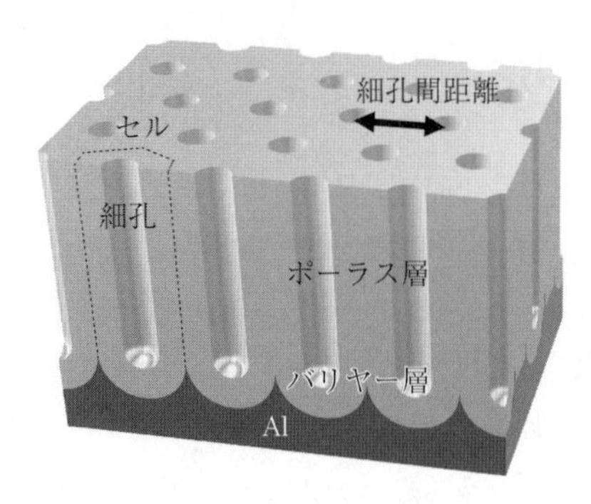

（a）　断面の模式図

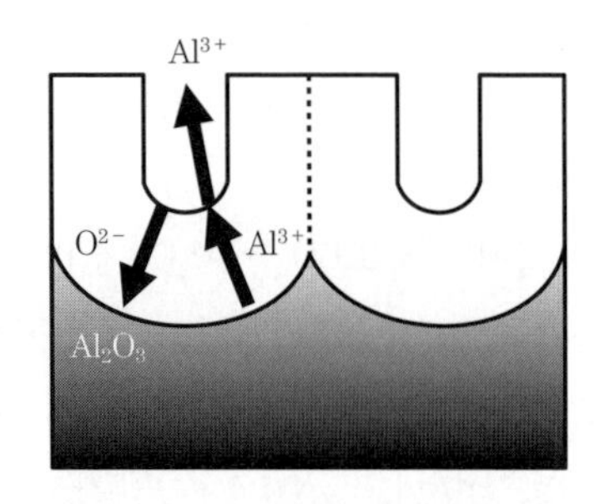

（b）　イオン伝導と電場加速溶解による皮膜の成長

図 6.3　ポーラス型陽極酸化皮膜

心には円形のナノ細孔が存在する。このナノ細孔は，アルミナ表面からアルミニウム素地に向かって垂直に生成しており，細孔の底部には半球状の薄いアルミナ層が存在する。皮膜上部の細孔形成領域をポーラス層，底部の薄いアルミナ層をバリヤー層と呼ぶ。隣接する細孔の中心間の距離を細孔間距離と定義し，その距離はポーラス皮膜のナノ構造を評価するための指標となる。図6.3（a）に示したポーラス皮膜のナノ構造は理想的なものであり，通常の陽極酸化によって生成するポーラス皮膜の細孔は，曲がりくねったり分岐したりといった不規則な細孔形状をもつ。ポーラス皮膜は酸性水溶液だけではなく，一部の塩基性水溶液においても生成することが知られている。しかし，アルミナの化学溶解速度は酸性水溶液よりも塩基性水溶液のほうがかなり速く，生成したポーラス皮膜が容易に溶解して消失するため，工業的なポーラス皮膜の形成プロセスではもっぱら酸性水溶液が用いられる。

図6.3（b）は，ポーラス皮膜の成長過程におけるイオン伝導の様子を模式的に示している。酸性水溶液を用いてアルミニウムを陽極酸化するとバリヤー皮膜の成長挙動と同様，電解質水溶液/アルミナ界面において酸化物イオンが生じ，イオン伝導によってアルミナ/アルミニウム界面に向かって移動し，アルミニウムと反応してアルミナが生成する。一方，アルミナ/アルミニウム界面において生じたアルミニウムイオンもまたイオン伝導によって電解質水溶液/アルミナ界面に移動するが，電解質水溶液が酸性であることから，電場がかかっているアルミナが激しく溶解する環境にある（電場加速溶解）。このため，アルミニウムイオンはアルミナを形成することなく，イオンのまま水溶液中に移行する。すなわち，酸性水溶液を用いた陽極酸化においては，アルミナ/アルミニウム界面でのみアルミナの生成が生じる。

図6.4は，陽極酸化におけるポーラス皮膜の成長過程を模式的に示したものである[8]。陽極酸化の極初期，電解質アニオンを含むアルミナが生成するが，水溶液が酸性であるため，最表面が不均一に溶解して凹凸が生成する。この凹部に陽極酸化電流が集中し，アルミナ/アルミニウム界面でアルミナの生成が，電解質水溶液/アルミナ界面でアルミナの溶解が同時に生じることにより，凹

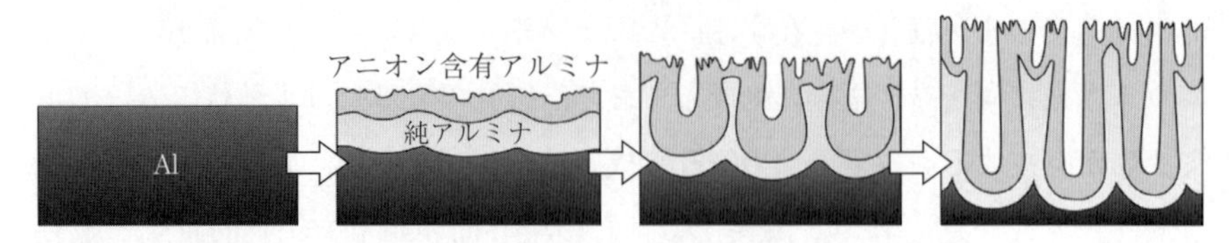

図 6.4　陽極酸化におけるポーラス皮膜の成長過程の模式図。This figure is licensed under the Creative Commons Attribution 4.0 License (CC BY)[8)]

部が深くなって細孔として成長する。陽極酸化中，バリヤー層におけるアルミナの生成と溶解の釣り合いによってバリヤー層自身の厚さはあまり変化しないが，細孔が成長してポーラス層は厚くなるので，ポーラス皮膜全体の厚さは陽極酸化時間とともに増大する。そのため，薄いアルミナ皮膜のみしか形成できない中性水溶液を用いた陽極酸化とは異なり，100 μm 以上の厚さをもつポーラス皮膜を形成することも可能である。ただし，厚い皮膜とはいっても，ポーラス層中には無数のナノ細孔が存在しており，アルミニウム素地を外界から隔てているのは底部の薄いバリヤー層のみであるため，耐食性などの観点では注意を要する。

ポーラス皮膜を作製する電解質として，現在，工業的に広く用いられているのは硫酸（H_2SO_4）である。これは，硫酸が安価であること，陽極酸化電圧が低く経済性に優れること，硫酸を用いて形成されたポーラス皮膜が無色透明であり，良好な染色性をもつことなどの理由による。かつてはクロム酸（H_2CrO_4）も広く用いられていたが，有害な六価クロムイオン Cr^{6+} を含むことから利用が避けられつつある。シュウ酸（$(COOH)_2$）やリン酸（H_3PO_4）が用いられることもある。用いる電解質の種類によって最適な陽極酸化電圧や細孔間距離および細孔の直径が異なる。**表 6.3** に代表的な電解質水溶液における陽極酸化条件をまとめた[5)]。

通常の陽極酸化によって生成したポーラス皮膜の細孔配列は不規則であるが，1990 年代，各電解質水溶液に最適な電圧条件を用いてアルミニウムを陽極酸化すると，陽極酸化時間とともに細孔配列が規則化し，図 6.3（a）に示したようなほぼ理想的なハニカム配列をもつポーラス皮膜が生成することが明

表 6.3　代表的な電解質水溶液における陽極酸化条件[5)]

電解質	濃　度	温　度	電流密度または電圧
硫酸	10 〜 30 vol%	15 〜 25 ℃	60 〜 300 $A \cdot m^{-2}$
シュウ酸	30 g/L	26 〜 30 ℃	100 $A \cdot m^{-2}$
クロム酸	3 〜 9 wt%	30 〜 40 ℃	40 〜 60 V
リン酸	10 〜 25 wt%	25 〜 50 ℃	10 〜 40 V

らかになった（自己規則化）。

表 6.4 は主要な電解質水溶液における自己規則化電圧と細孔間距離をまとめたものであり[9)]，さまざまな細孔間距離をもつ高規則ポーラス構造を作製できる。なお，得られるポーラス構造の細孔直径は陽極酸化中の細孔壁の化学溶解によっても変化するため，一義的に定義することは困難であるが，当然のことながら細孔間距離以下の細孔直径をもつポーラス皮膜が生成される。このような特徴的な高規則細孔配列をもつポーラス皮膜は，ナノテクノロジーの基盤材料として幅広く利用されつつある。

表 6.4　主要な自己規則化電解質における規則化電圧および細孔間距離[9)]

電解質	規則化電圧〔V〕	細孔間距離〔nm〕
硫酸	19 〜 25	50 〜 60
シュウ酸	40	100
リン酸	160 〜 195	405 〜 500
エチドロン酸	165 〜 260	400 〜 670

ポーラス皮膜は，アルミニウム合金の耐食性を向上するためにきわめて重要であり，理化学研究所により特許化された「アルマイト」の別名でも広く知られる。アルマイトの正しい定義は，シュウ酸を用いた陽極酸化によってアルミニウム上に形成されたポーラス皮膜のことであるが，現在は他の電解質水溶液も含めて作製したポーラス皮膜の総称として用いられている。アルミニウム合金は，さまざまな濃度の固溶元素や金属間化合物を含み，それらが表面に露出している。通常，アルミニウム表面には厚さ数 nm 程度の不動態皮膜が存在するが，それらは多数の欠陥部を含み，アルミニウムと添加合金元素との間にガ

ルバニック対を形成する。表面処理を施していないアルミニウム合金は，このような異種金属接触腐食によって容易に腐食する。また，塩化物イオンを含む環境においても，不動態皮膜が容易に破壊されるため，耐食性に乏しい。そのような腐食しやすいアルミニウム合金表面を保護するために，陽極酸化によってポーラス皮膜が形成される。アルミニウム合金の陽極酸化挙動は，添加合金元素によって大きく異なる。

図6.5は，5N-AlおよびAl-Cu合金を用いて陽極酸化を行うことにより形成されたポーラス皮膜の断面電子顕微鏡（SEM）写真を示している。5N-Al上においては，均一な厚さをもつ欠陥部のないポーラス皮膜が観察されるのに対し，Al-Cu合金上では大きな空隙を多数もつポーラス皮膜が生成していることがわかる。これは，Al-Cu合金素地に含まれるCu金属間化合物が陽極酸化中に溶解し，空隙となるためである。また，Siを含む鋳造用アルミニウム合金の陽極酸化では，Siは極最表面を除いて酸化されないため，そのままの形でポーラス皮膜中に取り残される。工業用アルミニウム合金の陽極酸化においては，これらの欠陥部の形成を考慮する必要がある。なお，前述のとおり，ポーラス皮膜は無数のナノ細孔を含んでいる多孔質なアルミナであり，このままでは耐食性の大きな向上は期待できない。そのため，ポーラス層の細孔を化学的に塞ぐ封孔処理が行われる（6.3.4項）。

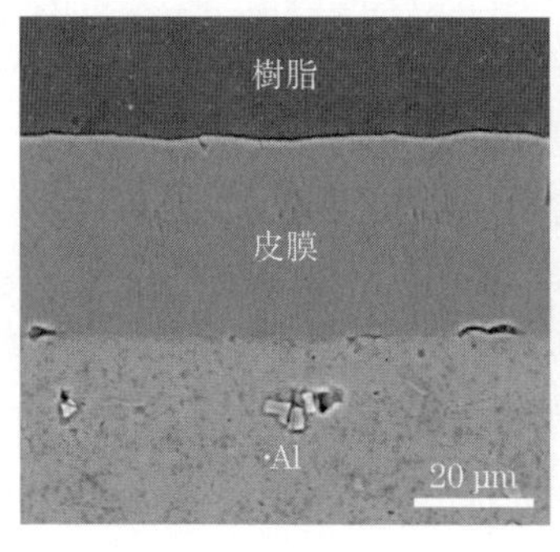

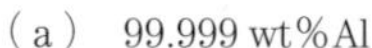
（a）　99.999 wt%Al

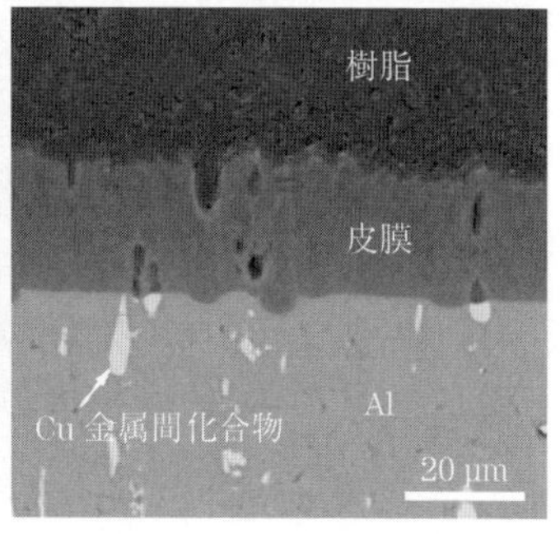

（b）　Al-Cu合金

図6.5　純AlおよびAl合金に生成したポーラス皮膜の断面SEM写真

コーヒーブレイク①

日本発の耐食性皮膜「アルマイト」[R1]

アルミニウムの耐食性皮膜であるアルマイトは，わが国において発見された。1910年代から20年代にかけて，理化学研究所の植木栄と宮田聡は，絶縁材料に関する研究過程において，アルミニウムをシュウ酸水溶液に浸漬して陽極酸化すると，絶縁性のアルミナ皮膜（ポーラス皮膜）が生成することを見出した。一方，当時はまだ電子顕微鏡などない時代，アルミナ皮膜中にナノスケールの細孔が存在することはわからず，厚いアルミナ皮膜を形成しても耐食性が向上しない問題が生じていた。後年，宮田はこの理由をきわめて微細な細孔の存在によるものと考え，アルミナ皮膜を高圧の水蒸気に曝せば細孔が塞がれるのではないかと予想した。はたしてアルミナ皮膜を高温高圧水蒸気処理すると，耐食性は劇的に向上した（封孔処理）。実用的なアルマイトの発見である。以後，アルマイト処理は急速に工業化され，今日もなお，幅広いアルミニウム製品に用いられている。

R1）富田悟：理研におけるアルマイト研究の歴史を紐解く，表面技術，Vol. **72**，pp. 189 ～ 193（2021）

6.3.3 硬 質 皮 膜

ポーラス皮膜の硬さは，細孔の大きさに強く支配される。細孔の直径が小さく，ポロシティ（気孔率）の小さなポーラス皮膜ほど，硬い[10)]。陽極酸化中，初期に生成したポーラス層のアルミナは引き続き酸性水溶液中に浸漬されているため，徐々に化学溶解して細孔直径が大きくなる（ポアワイドニング）。この化学溶解の程度は，水溶液濃度および温度が高いほど，また陽極酸化時間が長いほど大きい。したがって，細孔直径の小さな硬いポーラス皮膜を作製するためには，低温で高速の陽極酸化が可能な条件を選択する必要がある。工業的には，0℃付近の硫酸水溶液を用いて極力ポアワイドニングを抑制し，細孔直径の小さなポーラス皮膜を形成することにより，ビッカース硬度 Hv＝300 ～ 550程度の硬質皮膜が実用化されている。このような硬いポーラス皮膜を形成する陽極酸化処理のことをハードアノダイジング（hard anodizing）と呼ぶ。

ポーラス皮膜を形成したアルミニウムを150 ～ 600℃で熱処理すると，ポーラス皮膜がさらに硬くなる[10)]。これは，皮膜中に存在する水の脱水によるものと考えられるが，熱処理によるアルミニウム素地と皮膜との熱膨張係数の差によって皮膜中にクラックが生じたり，アルミニウム素地の金属組織および機械的特性にも変化が生じるため，注意が必要である。ポーラス皮膜を 800 ℃以上にするとアモルファスアルミナが γ アルミナに，1 150 ℃以上にすると α アルミナに相変態し，さらに硬くなる。むろん，これらの熱処理温度はアルミニウムの融点を大きく超えており，アルミニウム合金の熱処理法として応用することは困難であるが，ポーラス皮膜のみを材料と考えて結晶性のポーラスアルミナを得る場合には有用な方法である。

6.3.4 封 孔 処 理

酸性水溶液を用いた陽極酸化によってアルミニウム上に厚いポーラス皮膜を容易に形成できるが，ポーラス層の内部には無数のナノ細孔が存在し，このままでは良好な耐食性を期待できない。そのため，ポーラス層の細孔を塞ぐ封孔処理を行うことが一般的である。最も簡単な封孔法は，ポーラス皮膜を形成したアルミニウムを沸騰水中に浸漬して煮沸する水和封孔法である。アモルファスのアルミナからなるポーラス皮膜を沸騰水中に浸漬すると，アルミナと水の化学反応によって薄片状の水和酸化物（疑似ベーマイト）が生成する。

$$Al_2O_3 + H_2O \rightarrow 2AlO(OH) \tag{6.10}$$

式（6.10）によって細孔内部に水和酸化物が生成し，細孔が完全に充填される。**図 6.6** はシュウ酸を用いて作製したポーラス皮膜およびその試料を沸騰水中に浸漬して封孔処理を施したあとの表面 SEM 写真を示している。ポーラス皮膜表面にはナノスケールの細孔が無数に観察されるが，沸騰水への浸漬により，表面がサブミクロンスケールの水和酸化物で完全に覆われていることがわかる。細孔内にも水和酸化物が生成して緻密な皮膜となることにより，アルミニウムの耐食性が格段に向上する。封孔処理においては，水中に微量のリン酸アニオンなど不純物が含まれると水和反応が著しく阻害されるため，高純度の水を用いることが望ましい。沸騰水ではなく，高温・高圧の水蒸気を用いた封孔処理法（水蒸気封孔および加圧水蒸気封孔）もある。

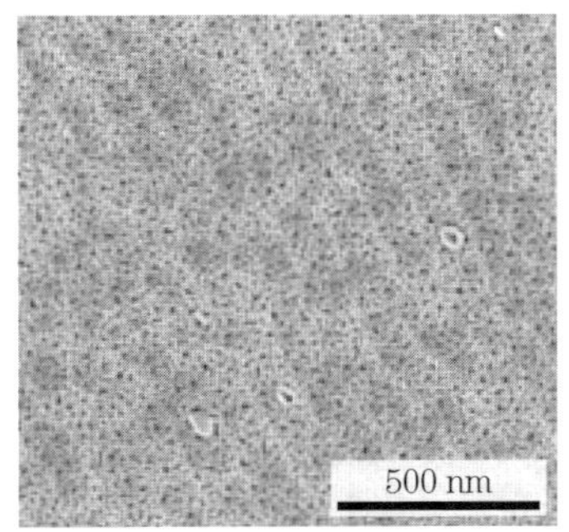

（a） シュウ酸皮膜の表面 SEM 写真

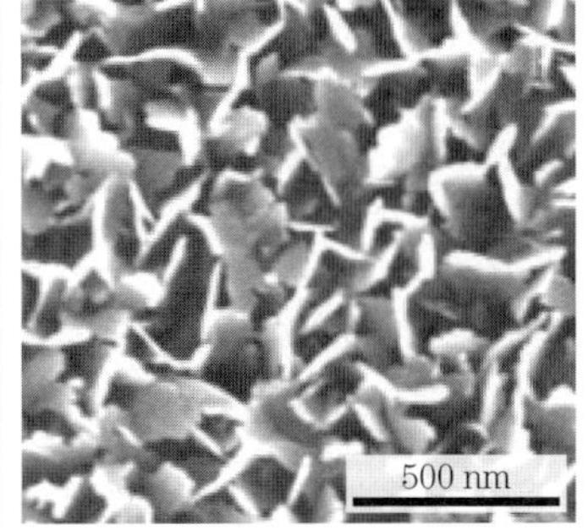

（b） 封孔処理後の表面 SEM 写真

図 6.6 封孔処理による細孔の充填

水和封孔はポーラス皮膜を容易に封孔できる方法であるが，高温の水や水蒸気などを用いるため，エネルギー消費量が大きい。より経済性に優れた封孔処理方法として，金属塩封孔がある。この方法は，低温の金属塩（酢酸ニッケル）水溶液中にポーラス皮膜を浸漬し，アルミナの水和反応および金属水酸化物を形成することによって封孔を達成するものである。水和封孔同様，耐食性の向上が期待できるが，金属塩由来のコンタミネーションを含むことに注意を要する。

6.3.5 プラズマ電解酸化皮膜

中性水溶液を用いた陽極酸化において，バリヤー皮膜の厚さが数百 nm 以上の限界値に達すると絶縁破壊が生じ，絶縁破壊痕やクラックなどの欠陥部が多数生じた不均一な皮膜が生成することを 6.3.1 項において述べた。2000 年代に入り，このバリヤー皮膜の絶縁破壊現象を積極的に誘起し，硬さや耐摩耗性に優れた酸化皮膜として応用する試みが行われ，一部はすでに実用化されている。この陽極酸化法をプラズマ電解酸化（PEO：plasma electrolytic oxidation）またはマイクロアーク酸化（MAO：micro-arc oxidation）と呼ぶ。

プラズマ電解酸化の電解質としては弱塩基性の水溶液が用いられることが多い。過剰な陽極酸化によって酸化皮膜に限界値以上の電圧が印加されると，絶縁破壊によって超高温のプラズマが瞬間的に生じ，プラズマ生成部周囲のアルミナが溶融する。一方，溶融したアルミナは低温の水溶液に接触しているため，ただちに凝固する。この際，もともとアモルファスであったアルミナは，結晶性のγアルミナまたはαアルミナに相変態する。このようなプラズマの発生によるアルミナの溶融と凝固を繰り返すことにより，アルミニウム表面は結晶性の酸化物で覆われる。

図 6.7 は，典型的なプラズマ電解酸化皮膜の表面 SEM 写真を示している。アルミナの溶融および凝固によって溶岩が固まったような複雑な表面形態を呈しており，マイクロスケールの不規則な細孔やクラックなども観察される。プラズマ電解酸化皮膜は，バリヤー皮膜やポーラス皮膜とは異なり結晶性のアルミナ皮膜を形成できることから，摺動部品など耐摩耗性が必要なアルミニウム材料への応用が試みられている。

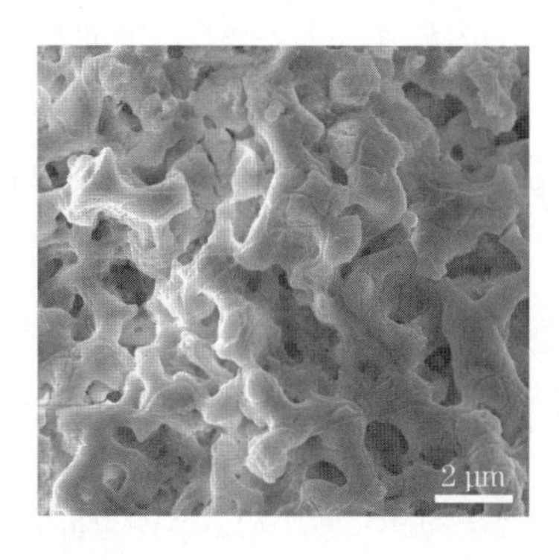

図 6.7　典型的なプラズマ電解酸化（PEO）皮膜の表面 SEM 写真

6.3.6 着　　色

陽極酸化を行ったアルミニウム材の着色はさまざまな方法が報告されているが，**図 6.8** に要約することができる。

染色法では，陽極酸化によって形成された細孔内に，有機色素や顔料を吸着させることによりアルミニウム材に着色を行う。着色の後は，封孔処理を施すことによって，染料や顔料は細孔内に閉じ込められる。このような方法によれば，アルミニウム材をさまざまな色に着色することが可能であるが，染料は一

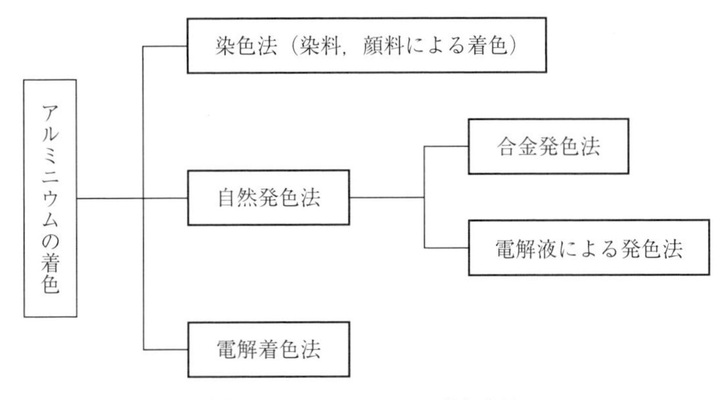

図 6.8　アルミニウムの着色方法

般に耐候性が乏しいために，屋外で使用される建材などの用途には適用しにくい。一方で，印刷によるマスキング手法は，局所的な染色や多色に染め付けることも可能であるなど高い装飾性を有しているため，自動車部品や家電製品などさまざまな分野で利用されている。

自然発色法には，アルミニウム合金の陽極酸化によって着色を行う方法と，陽極酸化に用いる電解液の種類によって着色を行う方法がある。アルミニウム合金は，高純度のアルミニウム材と変わらず銀白色を呈しているが，陽極酸化を行うと酸化皮膜内部に合金元素が取り込まれることにより着色する。他方，陽極酸化に用いる電解液を変化させることでもアルミニウム材の着色を行うことができる。一般に，有機酸を用いた陽極酸化ではほとんどの場合，着色された酸化皮膜が形成される。例えば，シュウ酸電解液を用いた場合には黄色，スルホサリチル酸と微量の硫酸を含む電解液中では，褐色を呈した酸化皮膜が陽極酸化によって形成される。皮膜の色は，皮膜内部に取り込まれた有機酸由来のアニオン成分に依存して変化する。アルミニウム合金の利用や電解液の種類によって着色を行う自然発色法では，染色法に比べて耐候性に優れた着色が可能であるが，膜厚によって色調が変化するため酸化皮膜が厚いほど色が濃くなる点や，色品種が少ないといった問題点もある。

電解着色法では，陽極酸化によって得られたポーラス皮膜の細孔内部に金属などを電析することによってアルミニウム材の着色を行う。陽極酸化の工程を一次電解，電析による着色の工程を二次電解として考えて，二次電解着色法と呼ぶこともある。細孔内に電析する金属種や電析量によって色の制御が可能であり，細孔内部に析出した金属微粒子は劣化することがないため，耐候性が求められるアルミニウム建材の着色法としては最も優れた方法である。

6.3.7 濡れ性制御

陽極酸化によってアルミニウム材の表面に形成されるアルミナ皮膜は金属酸化物であるため，その表面には多量の水酸基を有している。そのため，陽極酸化後の清浄な表面であればアルミニウム材は親水性を示す。しかし，その表面は，空気中の有機物などを容易に吸着するため，表面汚染が進行するとともに水に対する濡れ性は低下する。一方で，陽極酸化を行った後のアルミニウム材の表面を，表面修飾剤を用いて処理すれば，アルミニウム材の濡れ性を積極的に制御することもできる。例えば，アルミニウム材は，その高い熱伝導率から熱交換機用のフィン材として利用されているが，フィン表面に水滴が付着するとフィン間が閉塞されるため，通常アルミニウムフィンの表面は親水化処理がなされている。このほかにも，アルミニウム材の表面をアルキルシランやフルオロアルキルシランなどを用いて修飾すれば，撥水性や撥油性を付与することも可能である。また，最近では，電解エッチングと陽極酸化を組み合わせたり，ピロリン酸中で陽極酸化を行うことによって，アルミニウム材の表面形態をナノ・マイクロスケールで高度に制御し，水滴や油滴の接触角が150°を超える超撥水表面や超撥油表面の形成が可能であることも明らかになっている[11),12)]。

6.3.8 表面機能化

陽極酸化によって形成されるポーラスアルミナをさまざまな機能性デバイスに応用する際には，表面幾何学構造の制御が重要となる。通常の条件下で形成された陽極酸化ポーラスアルミナの細孔配列は不規則であるが，適切な条件下でアルミニウムに長時間の陽極酸化を行えば，細孔が自己組織化的に規則配列したポーラスアルミナの形成が可能となる。このとき，細孔配列の規則性は細孔の成長とともに向上するため，皮膜底部においては細孔配列の規則性が高いポーラスアルミナを得ることができるが，陽極酸化初期に形成された表面の細孔配列は不規則なままである。しかし，二段階陽極酸化プロセスを用いれば，細孔が表面から底部にかけて規則配列したポーラスアルミナの形成を行うことができる（**図 6.9**）[13]。

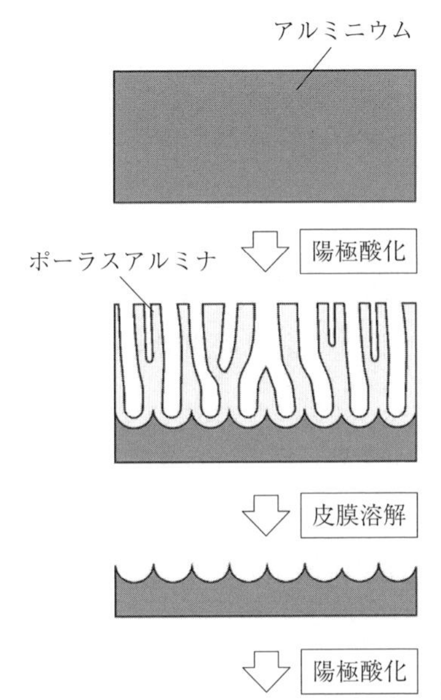

図 6.9　二段階陽極酸化による高規則性ポーラスアルミナの形成

この方法では，まず，1 回目の陽極酸化として適切な条件下で長時間の陽極酸化を行い皮膜底部で細孔が規則配列したポーラス皮膜を作製する。その後，クロム酸，リン酸の混合溶液を用いるなどして，酸化物層のみを選択的に溶解除去する。すると，ポーラス皮膜底部の細孔配列に対応した窪みパターンが表面に保持されたアルミニウム地金を得ることができる。このようにして得られたアルミニウム地金に，再度，同一条件下において 2 回目の陽極酸化を行うと，各窪み部分から細孔成長が誘導され，結果として表面から細孔が規則配列したポーラスアルミナを得ることができる（**図 6.10**）。

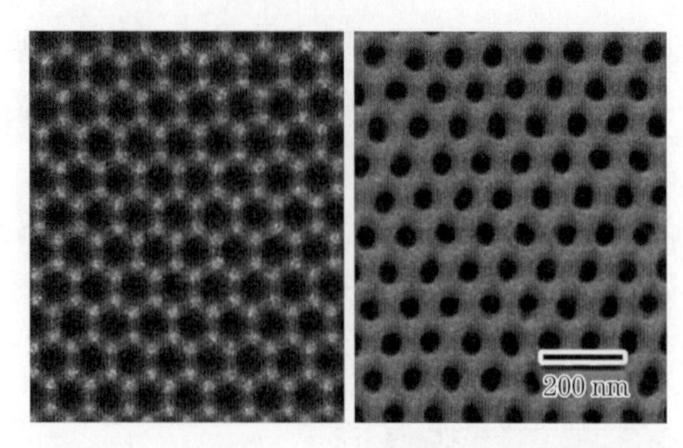

図 6.10　アルミニウム地金表面の窪み配列と再陽極酸化によって形成された細孔が規則配列したポーラスアルミナの表面 SEM 写真

このとき，表面で誘導された規則的な細孔配列は深さ方向に対して保持されるため，結果として，枝分かれ構造のない円柱状の細孔が規則的に配列したナノホールアレイ構造が形成される。このようなポーラスアルミナの細孔配列が自然に規則化するプロセスに基づけば，陽極酸化に用いる装置のスケールアップによって，大面積の高規則性ナノホールアレイを得ることもできる。自己組織化的に形成される細孔の規則配列は，欠陥なく細孔が規則的に配列した領域（ドメイン）が複数集まった，マルチドメイン構造を有している。陽極酸化条件の最適化によって，ドメインサイズを大きくすることは可能であるが，そのサイズの拡大には限界があり，試料全面にわたって細孔が理想的に配列した構造を得ることはできない。

これに対して，陽極酸化ポーラスアルミナの自己組織化能と人工的な手法を組み合わせれば，細孔が理想的に規則配列したポーラスアルミナの作製を行うこともできる。電子ビームリソグラフィをはじめとした微細加工技術によって作製した突起パターンを有するモールドを，陽極酸化を行う前のアルミニウムに押し付けて窪みの形成を行うと，各窪みが陽極酸化の初期に細孔発生点として機能するため，細孔の配列を人工的に制御することが可能となる[14)]。このようなプロセスに基づけば，細孔がシングルドメインで理想配列したポーラスアルミナの作製が可能となる（**図 6.11**）。

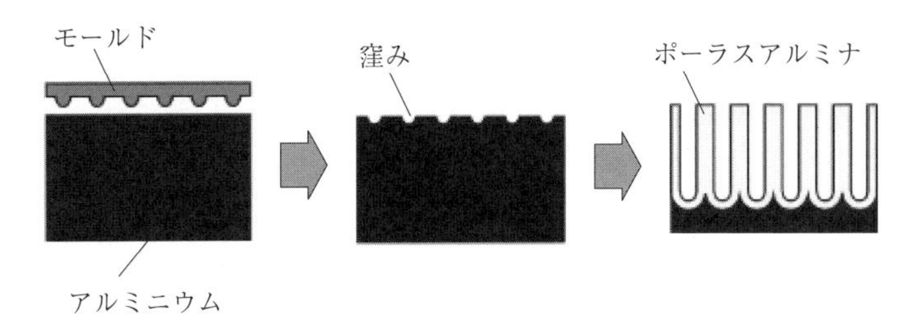

図 6.11　テクスチャリングプロセスによる理想配列ポーラスアルミナの形成

通常，陽極酸化によって形成されるポーラスアルミナの細孔配列は三角格子に限定されるが，人工的な細孔配列制御手法を用いれば，四角格子やグラファイト格子を有するポーラスアルミナの作製も実現することができる。このようなポーラスアルミナでは，細孔配列の制御に伴って細孔形状も四角形や三角形に変化するため，細孔断面形状が制御されたポーラスアルミナの作製が可能となる[15)]。

6.3.9　陽極酸化処理の応用

陽極酸化によって形成されたポーラスアルミナは，他の材料には見られない特異な幾何学構造を有していることから，さまざまな応用が期待できる機能性材料である。その中でも特に広く検討が行われている用途の一つとして，メンブレンフィルターとしての利用が挙げられる。ポーラスアルミナの幾何学構造は，サイズの均一な細孔が高密度で配列した構造を有しており，陽極酸化時間によって膜厚制御が可能であるため，数十 μm 以上まで酸化皮膜を厚くすれば，分離用フィルターとして利用可能な機械強度を有したアルミナメンブレンを得ることができる。陽極酸化処理後のポーラスアルミナは，アモルファスであるため酸や塩基に対する耐薬品性に乏しいが，熱処理による結晶化処理を施せば耐薬品性の向上を図ることも可能である。また，アルミナは耐熱性に優れた素材であるため，数百 ℃の高温条件下においてもナノホールアレイ構造の保持が可能であり，高温条件下で使用可能なメンブレンフィルターとしても有用である。

コーヒーブレイク②

微細パターンの高効率形成

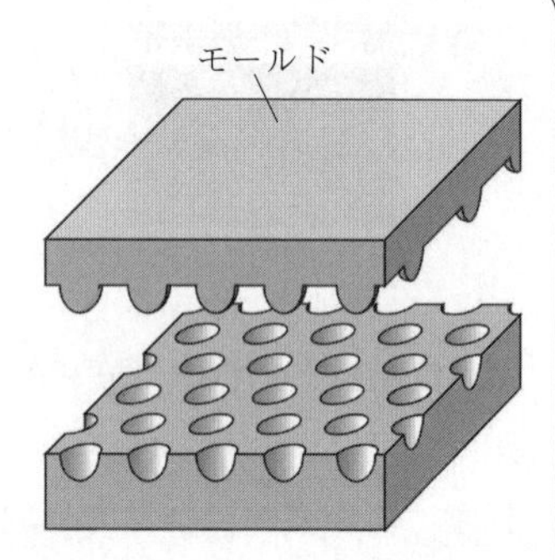

図　ナノインプリントの模式図

ナノインプリントプロセスは，**図**に示すようにモールド表面を基板に押し付けることによって，モールド表面の微細構造を一括転写する手法であるが，モールドは繰り返し利用が可能であるため，効率的なパターン形成を実現することができる。通常では，ナノインプリントに用いるモールドは，電子ビームリソグラフィや干渉露光など，半導体微細加工技術をベースに作製されるが，これらの方法では大面積パターンや高アスペクト比パターンの形成が難しく，応用範囲が制限されるといった問題点があった。加えて，連続的なナノパターンの形成プロセスとして期待されているRoll-to-Rollプロセスでは，ロール状のナノインプリント用モールドを回転させながら連続賦形を行うことが可能となるためスループット向上を実現できるが，半導体微細加工技術でロールの表面に微細パターンを直接形成することは難しく，通常は平面上に作製したパターンをロールに巻き付ける方法がとられている。しかし，このような方法では，必ずパターン継ぎ目が生じるために，連続賦形を行ってもシームレスなパターンを形成することはできない。さらには，継ぎ目部分が離型不良の原因となるため転写精度に悪影響を与える問題もある。陽極酸化プロセスによってナノインプリントモールドを作製する手法では，大型の枚葉モールドが作製可能であることに加え，ロールの陽極酸化によって表面に継ぎ目なくポーラスアルミナが形成されたロール状インプリント用モールドを得ることもできる。この場合，得られるパターンはポーラスアルミナの表面構造の反転構造となるピラーアレイパターンに制限されるが，Roll-to-Rollプロセスによって，継ぎ目のない大面積のパターンを連続的に形成することができる。このような微細パターンを形成したフィルムは，蛾の目を模倣した反射防止シートや超撥水シートなど，さまざまな用途への利用が検討されている[R2),R3)]。

R2）Yanagishita, T., Nishio, K. and Masuda, H.：Optimization of AR structures of polymer based on nanoimprinting using anodic porous alumina, J. Vac. Sci. Technol. B, Vol. **26**, 1856（2008）

R3）Yanagishita, T., Yoshida, M. and Masuda, H.：Renewable superhydrophobic surfaces prepared by nanoimprinting using anodic porous alumina molds, Langmuir, Vol. **37**, 10573（2021）

陽極酸化によって形成されるポーラスアルミナのその他の有望な応用として，各種ナノ構造体を作製する際の鋳型としての利用も挙げられる。ポーラスアルミナの細孔内でさまざまな物質の合成を行えば，直径や長さが精密に制御されたナノワイヤやナノチューブを形成することができる。加えて，ポーラスアルミナの細孔がもつ二次元配列構造を利用すれば，ナノワイヤやナノチューブの規則的な二次元配列体を得ることもできる。しかし，細孔内に合成したナノ構造体を回収するためには，鋳型であるポーラスアルミナは溶解除去しなければならないため，生産性が低く工業的なプロセスへの展開は難しい。ポーラスアルミナがもつ規則構造を鋳型として利用しつつ，鋳型を溶解除去する必要がないナノインプリント用モールドとして応用すれば，ポーラスアルミナの表面幾何学構造に対応した規則的な微細パターンを樹脂などの素材表面に効率的に形成することができる[16)]。

6.4 化　成　処　理

化成処理とは，電気化学的な処理とは異なり化学反応のみでアルミニウムの表面に化合物層を形成する処理である。浸漬方式あるいはスプレー方式で処理されるため，陽極酸化処理に比べ安価であり作業性に優れている。一方で，表面の化合物層を厚く形成することは難しいため，化成処理のみで十分な耐食性を付与することは難しく，一般的には塗装における塗膜の密着性向上を目的とした下地処理として利用される[2),17)]。リン酸亜鉛処理やクロメート処理が代表的な処理として知られているが，クロメート処理は，有害な6価クロムを使用しており欧州での規制強化で使用禁止物質に指定されたため，6価クロメート処理に替わる処理として，3価クロムを利用した化成処理やクロムを使用しないノンクロメート処理（例えば，ジルコニウム系化成処理）が開発され，実用化に至っている[18),19)]。

また，加熱（80℃以上）した中性からアルカリ性の水溶液中にアルミニウムを浸漬し，その表面を水和酸化物 AlO(OH)，いわゆるベーマイトで覆う処理も化成処理の一つとして知られている。ベーマイト皮膜は，薄片状の外層と緻密なバリヤー性の内層で構成された二層構造をもち，比較的良好な耐食性と塗装密着性を容易に付与することができる。

コーヒーブレイク③

細孔サイズが均一なメンブレンフィルター

陽極酸化によってアルミニウム表面に形成されたポーラスアルミナをメンブレンフィルターとして利用するためには，地金部分を選択的に溶解除去するかアルミナ層を地金から剥離する必要がある。研究用途であれば，地金部分を選択的に溶解除去する手法も利用できるが，この場合，残存地金を再度の陽極酸化に用いることができないため，効率的なアルミナメンブレンの形成が難しいといった問題点がある。また，陽極酸化を行った後の試料を陰極（カソード）につなぎ替えて逆電解を行うことで，アルミナメンブレンをアルミニウム素地から剥離することができるが，電解剥離の際に，アルミニウム地金表面の溶解も進行し粗面化するため，再陽極酸化を行っても細孔が規則配列したポーラスアルミナを得ることはできない。そのため，従来のアルミナメンブレン形成手法では，細孔が規則配列したメンブレンフィルターを効率的に形成することは困難であった。このような問題点を解決する手法として，高濃度硫酸浴を用いた二層陽極酸化法が見出された[R4)]。この方法では，通常の条件下で陽極酸化を行った後に，引き続き電解液を高濃度の硫酸に替えて陽極酸化を行う。すると，皮膜の底部に大量の硫酸アニオンを含んだ溶解性の高いアルミナ層を形成することができる。そのため，陽極酸化後の試料を酸性水溶液に浸漬し化学エッチング処理を行うと，皮膜底部のアルミナ層が選択的に溶解除去され，アルミナ皮膜の剥離とスルーホールを同時に達成することができる。加えて，剥離処理後の地金の表面には剥離したポーラスアルミナの細孔配列に対応した窪みパターンの保持が可能であるため，本プロセスを細孔が自己組織化的に規則配列する陽極酸化条件下において行えば，陽極酸化と化学エッチングを繰り返すだけで，同一地金から細孔が規則配列したアルミナスルーホールメンブレンを繰り返し作製することができる。本手法によれば，陽極酸化条件を変化させることで，任意の細孔中心間距離に制御された高規則性アルミナメンブレンを，高い効率で形成することもできる。

R4）Yanagisihta, T. and Masuda, H.：High-throughput fabrication process for highly ordered through-hole porous alumina membranes using two-layer anodization, Electrochim. Acta, Vol. **184**, 80（2015）

6.5 塗 装

塗装のおもな目的は，防食と装飾である。樹脂（アクリル，エポキシ，シリコーン，フッ素など）を主原料とした塗料には，顔料（有機顔料，無機顔料），溶剤（アルコール，油，水など），添加剤（可塑剤，分散剤，つや消し剤など）が含まれ，使用用途に応じて塗料の構成成分が決まり，はけ塗り，ローラ塗り，吹付け，浸漬，電着などさまざまな塗装法が利用されている。

電着塗装は，水溶性の塗料の中に製品を入れ，同浴内に設置した電極との間に電圧を印加することで，電気めっき同様に対象物の表面を塗膜で覆う手法である。塗装対象を陰極にする場合はカチオン電着塗装，塗装対象を陽極にする場合にはアニオン電着塗装と呼ばれ，アルミニウムの電着塗装は一般にアニオン電着塗装といわれている[5),20)]。アクリル系樹脂を主体とするポリカルボン酸樹脂のプレポリマーをアミンなどの塩基性物質で中和し水溶化した後，アニオン成分を電気泳動で陽極側へ移動させ，多孔質の陽極酸化皮膜上でプロトンH^+との中和により不溶性のポリカルボン酸樹脂として析出させる。析出した樹脂内の水分や溶剤は浸透現象により液中に移動し塗膜の脱水が生じる。その後，160～190℃に加熱し架橋反応を進行させることで塗装膜を硬化させる。この後工程を焼付けという。アクリル電着塗装は，陽極酸化，電解着色の工程の後，同じ生産ラインでの処理が可能であり，スプレー法や静電塗装法に比較して，生産性，塗装効率，塗装性能が高いといわれ，建材やサッシ類，外壁材の表面処理として使用されている。

6.6 め っ き

めっきは，電気を使用する電解めっきと，電気を使用しない無電解めっきの2種類があるが，アルミニウム表面は自然酸化皮膜で覆われているため，そのままの状態ではアルミニウム表面に密着性に優れためっき膜を形成することはできない。そのため，亜鉛置換めっき（ジンケート処理）を施し，導電性をあらかじめ付与した上で各種めっきを施す。電解めっきの例としては，耐食性，耐摩耗性などの機械的特性向上を目的とした硬質クロムめっきが知られている[21]。

一方，無電解めっきは，装飾と防食，耐摩耗性向上を目的とした無電解ニッケルめっきが知られている。複雑な形状のアルミニウム製品の表面処理に適用することができ，ニッケルの色調だけでなく，さらに金やクロムなどの装飾めっきを施すことも可能である。

6.7 表面処理における環境対応

これまでに述べたようにアルミニウムの表面に対して，陽極酸化，化成処理，めっきなどの処理を施すことによって，建材，輸送機器，家電製品，日用品に至る幅広い分野でアルミニウムが利用されている。軽量，高強度でリサイクル性にも優れたアルミニウムに対する需要は年々高まり，世界における消費量も増加傾向である。その一方で，地球温暖化対策だけでなく，環境保全に対する問題意識も世界で共有され，化学物質の取り扱いに関する法規制が各国で進んでいる。アルミニウムの表面処理は，アルミニウムを多くの分野で活用する上で必要不可欠な工程であり，化学物質なしでは成立しない。各工程で使用する化学物質の見直しだけでなく，排水処理も含め，環境調和型の表面処理技術の開発ならびにその普及が，持続可能な開発目標（SDGs）の目標 12（つくる責任　つかう責任）にも掲げられているように，持続可能な消費と生産のパターンを確保する上でも今後の重要な課題となるであろう。

引用・参考文献

1 章

1）日本アルミニウム協会編：アルミニウムハンドブック（第 8 版），p. 33，日刊工業新聞社（2017）
2）日本アルミニウム協会ホームページ，https://www.aluminum.or.jp/（2022 年 12 月 25 日現在）
3）日本アルミニウム協会編：アルミニウムハンドブック（第 8 版），p. 1，日刊工業新聞社（2017）
4）里　達雄：アルミニウム大全（技術大全シリーズ），p. 32，日刊工業新聞社（2016）
5）小菅張弓：工業用純アルミニウム，軽金属，Vol. **38**（5），pp. 292〜308（1988）
6）軽金属学会編：アルミニウムの組織と性質，pp. 171〜191，軽金属学会（1991）
7）日本アルミニウム協会編：アルミニウムハンドブック（第 8 版），p. 4，日刊工業新聞社（2017）
8）里　達雄，北岡山治，神尾彰彦：Al-Cu 系合金，軽金属，Vol. **38**（9），pp. 558〜578（1988）
9）軽金属学会編：アルミニウムの組織と性質，pp. 192〜216，軽金属学会（1991）
10）梶山　毅，深田和博：Al-Mn 系合金，軽金属，Vol. **38**（6），pp. 362〜373（1988）
11）軽金属学会編：アルミニウムの組織と性質，pp. 217〜230，軽金属学会（1991）
12）北岡山治，藤倉潮三，神尾彰彦：Al-Si 系合金，軽金属，Vol. **38**（7），pp. 426〜446（1988）
13）軽金属学会編：アルミニウムの組織と性質，pp. 231〜255，軽金属学会（1991）
14）吉田英雄，福井利安：Al-Mg 系合金，軽金属，Vol. **38**（8），pp. 496〜512（1988）
15）軽金属学会編：アルミニウムの組織と性質，pp. 256〜277，軽金属学会（1991）
16）大堀紘一：Al-Mg-Si 系合金，軽金属，Vol. **38**（11），pp. 748〜763（1988）
17）軽金属学会編：アルミニウムの組織と性質，pp. 278〜295，軽金属学会（1991）
18）里　達雄：アルミニウム大全（技術大全シリーズ），p. 334，日刊工業新聞社（2016）
19）伊藤吾朗，江藤武比古，宮木美光，菅野幹宏：Al-Zn-Mg 系合金，軽金属，Vol. **38**（12），pp. 818〜839（1988）
20）軽金属学会編：アルミニウムの組織と性質，pp. 296〜322，軽金属学会（1991）
21）小島　陽：Al-Li 系合金，軽金属，Vol. **39**（1），pp. 67〜80（1989）

22）軽金属学会編：アルミニウムの組織と性質，pp. 323〜339，軽金属学会（1991）
23）日本アルミニウム協会編：アルミニウムハンドブック（第8版），pp. 223〜225，日刊工業新聞社（2017）
24）里　達雄：アルミニウム大全（技術大全シリーズ），pp. 340〜348，日刊工業新聞社（2016）
25）日本アルミニウム協会編：アルミニウムハンドブック（第8版），pp. 225〜227，日刊工業新聞社（2017）
26）里　達雄：アルミニウム大全（技術大全シリーズ），pp. 348〜353，日刊工業新聞社（2016）
27）矢島悦次郎ほか：若い技術者のための機械・金属材料 第3版，pp. 292〜293，丸善出版（2017）
28）日本アルミニウム協会編：アルミニウムハンドブック（第8版），pp. 5〜14，日刊工業新聞社（2017）
29）里　達雄：アルミニウム大全（技術大全シリーズ），pp. 34〜38，日刊工業新聞社（2016）

2 章

1）滝沢武雄：日本の貨幣の歴史，p. 1，p. 9，p. 26，吉川弘文館（1996）
2）石野　亨：鋳造 技術の源流と歴史，産業技術センター（1977）
3）国際鋳物技術研究委員会編：国際鋳物欠陥分類集，（社）日本鋳造工学会（1975）
4）Flemings, M.C.: Solidification Processing, p. 219, McGraw-Hill（1974）
5）日本鋳造工学会編：鋳造工学便覧，pp. 57〜121，丸善（2002）
6）菅野利猛：消失模型鋳造法，鋳造工学，Vol. **86**（8），pp. 657〜662（2004）
7）日本鋳造工学会編：鋳造工学便覧，pp. 98〜106，丸善（2002）
8）錦織徳郎ほか：新版 精密鋳造法，日刊工業新聞社（1981）
9）軽合金の生産技術教本編集部会編：軽合金鋳物・ダイカストの生産技術，素形材センター，pp. 185〜198（2000）
10）軽合金の生産技術教本編集部会編：軽合金鋳物・ダイカストの生産技術，素形材センター，pp. 199〜217（2000）
11）西　直美：絵ときダイカスト基礎のきそ，日刊工業新聞社（2015）
12）西　直美：わかる！使える！ダイカスト入門，日刊工業新聞社（2019）
13）日本鋳造工学会編：鋳造工学便覧，pp. 571〜578，丸善（2002）
14）日本鋳造工学会編：鋳造工学便覧，pp. 578〜583，丸善（2002）
15）西　直美：わかる！使える！鋳造入門，日刊工業新聞社（2018）
16）MAGMASoft, https://www.magmasoft.de/en/solutions/the-magma-approach/（2022年1月11日現在）

17）織田和宏，安斎浩一，新山英輔，久保紘：周期的定常熱収支法によるダイカストの凝固解析，鋳造工学，Vol. **70**（3），pp. 186〜192（1998）
18）神崎太陽，小武内清貴，福田忠生，尾崎公一：数値シミュレーションを用いたマグネシウム合金射出成形品の欠陥予測に関する研究，計算力学講演会講演論文集，Vol. 2011.24，pp. 655〜656（2011）
19）https://www.youtube.com/（2022 年 1 月 11 日現在）
20）Naoya Hirata and Koichi Anzai: Numerical Simulation of Shrinkage Formation of Pure Sn Casting Using Particle Method, Materials Transactions, Vol. **52**（10）, pp. 1931〜1938（2011）
21）平田直哉：粒子法による鋳造時の流動・凝固現象連成解析，型技術，2019 年 5 月号，pp. 28〜31（2019）

3 章

1）例えば，軽金属学会：軽金属基礎技術講座，第 5 版（2006）
2）例えば，軽金属学会：軽金属基礎講座「アルミニウムの製造技術」（2009）
3）例えば，軽金属学会編：入門　アルミニウム製品の生産技術〜上工程から下工程まで〜，軽金属学会（2017）
4）例えば，株式会社神戸製鋼所：やさしい技術（アルミ編），https://www.kobelco.co.jp/advanced-materials/technical/almi/1174586_17316.html
5）例えば，二宮純一：軽金属，Vol. **51**（2），pp. 131〜134（2001）
6）例えば，高橋功一：軽金属，Vol. **65**（11），pp. 599〜602（2015）
7）櫻井健夫：軽金属，Vol. **65**（12），pp. 638〜641（2015）
8）例えば，鈴木　弘：塑性加工（改訂版），裳華房（1982）
9）石川宣仁：軽金属，Vol. **66**（4），pp. 200〜205（2016）
10）例えば，軽金属協会（現 日本アルミニウム協会）：アルミニウム材料の基礎と工業技術，軽金属協会（1985）
11）例えば，軽金属学会：アルミニウムの製品と製造技術，軽金属学会（2001）
12）例えば，長田修次，柳本　潤：基礎からわかる塑性加工（改訂版），コロナ社（2010）
13）櫻井健夫：軽金属，Vol. **66**（1），pp. 39〜42（2016）
14）桑原利彦：軽金属，Vol. **57**（4），pp. 171〜174（2007）
15）河合　望，森　敏彦：軽金属，Vol. **30**（10），pp. 580〜591（1980）
16）中村健太郎：軽金属，Vol. **67**（12），pp. 641〜644（2017）
17）高橋成也：軽金属，Vol. **67**（3），pp. 79〜82（2017）
18）櫻井健夫，小西晴之：神戸製鋼技報，Vol. **51**（1），pp. 9〜12（2001）
19）櫻井健夫，松元和秀，小松伸也，河野紀雄：軽金属，Vol. **60**（1），pp. 2〜6（2010）

20）Kuwabara, T. and Barlat, F.: Mater. Trans., Vol. **65**（10）, MT-L2024010（2024）
21）桑原利彦，吉田健吾：軽金属，Vol. **65**（5），pp. 164～173（2015）
22）Hill, R. and Hutchinson, J.W.: J. Appl. Mech., Vol. **59**, pp.S1～S9（1992）
23）Hill, R., Hecker, S.S. and Stout, M.G.: Int. J. Solid and Struct., Vol. **31**, pp. 2999～3021（1994）
24）桑原利彦：鉄と鋼，Vol. **108**，pp. 233～248（2022）
25）Kuwabara, T.: Int. J. Plasticity, Vol. **23**（3）, pp. 385～419（2007）
26）ISO 16842: 2021 Metallic materials－Sheet and strip－Biaxial tensile testing method using a cruciform test piece
27）Hanabusa, Y., Takizawa, H. and Kuwabara, T.: Steel Research Int., Vol. **81**（9）, pp. 1376～1379（2010）
28）花房泰浩，瀧澤英男，桑原利彦：塑性と加工，Vol. **52**（601），pp. 282～287（2011）
29）桑原利彦，成原浩二，吉田健吾，高橋　進：塑性と加工，Vol. **44**（506），pp. 281～286（2003）
30）箱山智之，菅原史法，桑原利彦，塑性と加工，Vol. **54**（630），pp. 628～634（2013）
31）Kuwabara, T. and Sugawara, F.: Int. J. Plasticity, Vol. **45**, pp. 103～118（2013）
32）Hakoyama, T. and Kuwabara, T.: Effect of biaxial work hardening modeling for sheet metals on the accuracy of forming limit analyses using the Marciniak-Kuczynski approach. In: Altenbach, H., Matsuda, T. and Okumura, D.（Eds.）, From Creep Damage Mechanics to Homogenization Methods. Springer, pp. 67～95（2015）
33）Yoshida, K., Kuwabara, T., Narihara, K. and Takahashi, S.: Int. J. Form. Process., 8-SI, pp. 283～298（2005）
34）桑原利彦，堀内義雅，上間直幸，ヤナ ジーゲルハイモヴァ：塑性と加工，Vol. **48**（558），pp. 630～634（2007）
35）瀧澤英男，児玉渉平：塑性と加工，Vol. **60**，pp. 136～141（2019）
36）瀧澤英男，児玉渉平：鉄と鋼，Vol. **106**，pp. 272～280（2020）
37）小原嗣朗：金属材料概論，朝倉書店（1991）
38）古林英一：再結晶と材料組織，内田老鶴圃（2000）
39）Yoshida, K., Ishizaka, T., Kuroda, M. and Ikawa, S.: The effects of texture on formability of aluminum alloy sheets, Acta Materialia, Vol. **55**（13）, pp. 4499～4506（2007）
40）Engler, O. and Randle, V.: Introduction to texture analysis, CRC press（2010）
41）Lebensohn, R. A. and Tomé, C. N.: A self-consistent anisotropic approach for the simulation of plastic deformation and texture development of polycrystals: application to zirconium alloys, Acta metallurgica et materialia, Vol. **41**（9）, pp. 2611～2624（1993）

42) Masson, R. and Zaoui, A.: Self-consistent estimates for the rate-dependent elasto-plastic behaviour of polycrystalline materials, Journal of the Mechanics and Physics of Solids, Vol. **47** (7), pp. 1543～1568 (1999)
43) Van Houtte, P., Li, S., Seefeldt, M. and Delannay, L.: Deformation texture prediction: from the Taylor model to the advanced Lamel model, International journal of plasticity, Vol. **21** (3), pp. 589～624 (2005)
44) Tjahjanto, D. D., Eisenlohr, P. and Roters, F.: A novel grain cluster-based homogenization scheme, Modelling and Simulation in Materials Science and Engineering, Vol. **18** (1), 015006 (2009)
45) Barlat, F., Aretz, H., Yoon, J. W., Karabin, M. E., Brem, J. C. and Dick, R.: Linear transformation-based anisotropic yield functions, International journal of plasticity, Vol. **21** (5), pp. 1009～1039 (2005)

4 章

1) 時澤　貢，高辻則夫，室谷和雄，中村　隆，後藤善弘：熱間間接押出し加工における塑性流れおよび型内圧力分布に及ぼすダイス角の影響，塑性と加工，Vol. **30** (347)，pp. 1675～1680 (1989)
2) Akira Asari：ET84，Vol. **2**，p. 84 (1984)
3) 軽金属協会編：アルミニウム技術便覧，カロス出版 (1996)
4) 横林寛肪，千葉　正，諸岡淳一郎：アルミニウム合金の間接押出におけるメタルフロー，軽金属，Vol. **28** (7)，pp. 350～356 (1978)
5) 日本塑性加工学会編：押出し加工，コロナ社 (1992)
6) 田中　浩，叶　秀作：アルミニウム合金押出し形材の利用と設計，軽金属，Vol. **21** (8)，pp. 551～563 (1971)
7) 日本塑性加工学会編：塑性加工便覧，コロナ社 (2006)
8) 高辻則夫，時澤　貢，室谷和雄，松木賢司，狭川直之：軸心を通る肉厚の異なる異形材の押出し―アルミニウム合金薄肉異形材の熱間押出時の先端形状を一様にする型形状に関する実験的検討Ⅱ―，塑性と加工，Vol. **27** (304)，pp. 620～625 (1989)
9) 川島正平：最近のアルミニウム押出技術と生産管理，軽金属学会 (1987)
10) 田中　浩：非鉄金属の塑性加工，pp. 22，日刊工業新聞社 (1970)
11) 船塚達也，高辻則夫，土屋大樹，小田省吾：Al-Mg-Si 系合金の熱間押出におけるピックアップ欠陥発生メカニズム，軽金属，Vol. **70** (9)，pp. 415～421 (2020)
12) ゲンバンルン スカンタカン，船塚達也，高辻則夫，村上　哲，堂田邦明：Al-Mg-Si 系合金の熱間押出におけるピックアップ欠陥発生メカニズム，軽金属，Vol. **68** (12)，pp. 660～666 (2018)

13）崎浜秀和，江田浩之：押出シミュレーション技術を利用したダイス設計，アルトピア 7，pp. 15～22（2005）
14）森　努，高辻則夫，松木賢司，會田哲夫，室谷和雄：熱間押出し加工における金型変形の FEM 解析，塑性と加工，Vol. **46**（537），pp. 45～49（2005）
15）稲垣稔之，村上　哲，高辻則夫，松木賢司，磯貝光之，正保　順：アルミ矩形中空押出しの非定常プロセスへのシミュレーションの適用，塑性と加工，Vol. **42**（490），pp. 1156～1160（2001）
16）林　沛征，望月雄次：高力アルミニウム合金の中空形材の押出ダイスの開発，塑性と加工，Vol. **56**（650），pp. 219～224（2015）
17）Zhang, C., Zhao, G., Chena, Z., Chen, H. and Kou, F.：Numerical simulation and metal flow analysis of hot extrusion process for a complex hollow aluminum profile, Int. J. Adv. Manuf. Technol., Vol. **60**, pp. 101～110（2012）
18）Reggiani, B., Segatori, A., Donati, L. and Tomesani, L.：Effect of extrusion stem speed on extrusion process for a hollow aluminum profile, Int. J. Adv. Manuf. Technol., Vol. **69**, pp. 1855～1872（2013）
19）Funazuka, T., Dohda, K., Takatsuji, N., Hu, C. and Sukunthakan, N.：Effect of die coating on surface crack depth of hot extruded 7075 aluminum alloy, Friction, Vol. **11**（7）, pp. 1212～1224（2023）
20）船塚達也：押出し加工分科会の活動と 2050 年までの押出し加工分野での素形材の創製技術ロードマップ，ぷらすとす，Vol. **5**（53），pp. 306～308（2022）
21）Aizawa, T., Funazuka, T. and Shiratori, T.：Near-net forging of titanium and titanium alloys with low friction and low work hardening by using carbon-supersaturated SKD11 dies, Lubricants, Vol. **10**（9）, p. 203（2022）
22）Wagiman, A., Mustapa, M. S., Asmawi, R., Shamsudin, S., Lajis, M. A. and Muto, Y.：A review on direct hot extrusion technique in recycling of aluminium chips, Int. J. Adv. Manuf. Technol., Vol. **106**（1）, pp. 641～653（2020）
23）Hosseini, M. and Paydar, M. H.：Fabrication of phosphor bronze/Al two-phase material by recycling phosphor bronze chips using hot extrusion process and investigation of their microstructural and mechanical properties, Miner. Metall. Mater., Vol. **27**（6）, pp. 809～817（2020）
24）Funazuka, T., Yamashita, S., Urakawa, T., Shiratori, T., Takatsuji N. and Dohda, K.：Direct recycling of AA6063 chips by hot extrusion applying pseudo porthole die, Materials Research Proceedings, Vol. **41**, pp. 661～669（2024）

5　章

1）日本産業規格 JIS Z 3001：2018，日本規格協会（2022）

2）溶接学会・日本溶接協会編：新版改訂 溶接・接合技術入門，第1章，産報出版
3）日本塑性加工学会編，杉井新治・今村健吾 著：接合・複合—ものづくりを革新する接合技術のすべて—，第9章（新塑性加工技術シリーズ8），コロナ社（2018）
4）日本塑性加工学会編，長谷川収 著：接合・複合—ものづくりを革新する接合技術のすべて—，第3章（新塑性加工技術シリーズ8），コロナ社（2018）
5）日本塑性加工学会編，豊田裕介 著：接合・複合—ものづくりを革新する接合技術のすべて—，第8章（新塑性加工技術シリーズ8），コロナ社（2018）
6）John Emsley：The Elements Third Edition, pp. 18～19, Clarendon Press（1998）
7）水野政夫，蓑田和之，阪口　章：アルミニウムとその合金の溶接，第5章（溶接全書13），産報出版（1979）
8）日本塑性加工学会編，片山聖二 著：接合・複合—ものづくりを革新する接合技術のすべて—，第6章（新塑性加工技術シリーズ8），コロナ社（2018）
9）水野政夫，蓑田和之，阪口　章：アルミニウムとその合金の溶接，第7章（溶接全書13），産報出版（1979）
10）日本塑性加工学会編，有賀　正 著：接合・複合—ものづくりを革新する接合技術のすべて—，第8章（新塑性加工技術シリーズ8），コロナ社（2018）
11）溶接学会編：摩擦攪拌接合—FSWのすべて—，産報出版（2006）
12）摩擦圧接協会編：摩擦接合技術，Part 2，日刊工業新聞社（2006）
13）摩擦圧接協会編：摩擦接合技術，Part 1，日刊工業新聞社（2006）
14）日本塑性加工学会編，辻野次郎丸・小玉　満・西村惟之 著：超音波応用加工，第6章，森北出版（2004）

6　章

1）日本アルミニウム協会編：アルミニウム（現場で生かす金属材料シリーズ），丸善出版（2011）
2）坂本泰久：アルミニウムの表面処理，軽金属，Vol. **66**，pp. 635～640（2016）
3）仁平宣弘：トコトンやさしい表面処理の本，日刊工業新聞社（2009）
4）原　健二：アルミニウムの表面処理における前処理，表面技術，Vol. **69**，pp. 380～383（2018）
5）表面技術協会編：表面技術便覧，日刊工業新聞社（1998）
6）中野信男，西山　聖，山内　健，坪川紀夫：純アルミニウムA1050のリン酸－硫酸系電解研磨における電解条件が表面構造と光沢度に及ぼす影響，表面技術，Vol. **65**，pp. 318～324（2014）
7）永田伊佐也：アルミニウム乾式電解コンデンサー，日本蓄電器工業株式会社（1982）
8）Iwai, M., Kikuchi, T. and Suzuki, R.O.：Initial Structural Changes of Porous Alumi-

na Film via High-Resolution Microscopy Observations, ECS J. Solid State Sci. Technol., Vol. **9**, 044004 (2020)

9) Iwai, M., Kikuchi, T. and Suzuki, R.O.：Self-ordered nanospike porous alumina fabricated under a new regime by an anodizing process in alkaline media, Sci. Rep., Vol. **11**, 7240 (2021)

10) Kikuchi, T., Takenaga, A., Natsui, S. and Suzuki, R.O.：Advanced hard anodic alumina coatings via etidronic acid anodizing, Surf. Coat. Technol., Vol. **326**, 72 (2017)

11) Inoue, T., Koyama, A., Kowalski, D., Zhu, C., Aoki, Y. and Habazaki, H.：Fluorine - Free Slippery Liquid - Infused Porous Surfaces Prepared Using Hierarchically Porous Aluminum, Phys. Status Solidi A, Vol. **217**, 1900863 (2020)

12) Nakajima, D., Kikuchi, T., Natsui, S. and Suzuki, R. O.：Advancing and receding contact angle investigations for highly sticky and slippery aluminum surfaces fabricated from nanostructured anodic oxide, RSC. Adv., Vol. **8**, 37315 (2018)

13) Masuda, H. and Satoh, M.：Fabrication of gold nanodot array using anodic porous alumina as an evaporation mask, Jpn. J. Appl. Phys., Vol. **35**, L126 (1996)

14) Masuda, H., Yamada, H., Satoh, M., Asoh, H., Nakao, M. and Tamamura, T.：Highly ordered nanochannel-array architecture in anodic alumina, Appl. Phys. Lett., Vol. **71**, 2770 (1997)

15) Masuda, H., Asoh, H., Watanabe, M., Nishio, K., Nakao, M. and Tamamura, T.：Square and triangular nanohole array architectures in anodic alumina, Adv. Mater., Vol. **13**, 189 (2001)

16) Yanagishita, T., Nishio, K. and Masuda, H.：Fabrication of two-dimensional polymer photonic crystals by nanoimprinting using anodic porous alumina mold, J. Vac. Sci. Technol. B, Vol. **28**, 398 (2010)

17) 小泉宗栄，高木進二，梅原誠一郎：アルミニウムの塗装における下地処理と塗膜密着性，金属表面技術，Vol. **37**，pp. 503～509 (1986)

18) 島倉俊明：アルミニウムの化成処理技術の変遷と動向，表面技術，Vol. **61**，pp. 223～231 (2010)

19) 松川真彦：アルミニウム缶用リン酸ジルコニウム処理，表面技術，Vol. **61**，pp. 255～260 (2010)

20) 小島始男，高木陽一，宇野清文：アルミニウムサッシ，軽金属，Vol. **67**，pp. 528～537 (2017)

21) 眞保良吉：硬質3価クロムめっき，表面技術，Vol. **69**，pp. 219～225 (2018)

索　　引

アルミニウム合金の基礎と成形技術
Basics and Forming Technology of Aluminum Alloys

2024 年 11 月 7 日 初版第 1 刷発行

検印省略

編　　者	一般社団法人 日本塑性加工学会
発 行 者	株式会社 コロナ社 代表者 牛来真也
印 刷 所	壮光舎印刷株式会社
製 本 所	株式会社 グリーン

112-0011 東京都文京区千石 4-46-10
発 行 所 株式会社 **コ ロ ナ 社**
CORONA PUBLISHING CO., LTD.
Tokyo Japan
振替00140-8-14844・電話(03)3941-3131(代)
ホームページ https://www.coronasha.co.jp

ISBN 978-4-339-04691-5 C3053 Printed in Japan （柏原）